Lohmer ■ Sprenger ■ von Wahlert

Gesundes Führen

Lohmer ■ Sprenger ■ von Wahlert

Gesundes Führen

Life-Balance versus Burnout im Unternehmen

Schattauer

Dr. phil. Mathias Lohmer
Feilitzschstraße 36
80802 München
E-Mail: Lohmer@t-online.de

Dr. med. Bernd Sprenger
Freiheit 12 c
12555 Berlin
E-Mail: sprenger.berlin@t-online.de

Dr. med. Jochen von Wahlert
HELIOS Klinik Bad Grönenbach
Sebastian-Kneipp-Allee 3a/5
87730 Bad Grönenbach
E-Mail: jochen.von-wahlert@helios-kliniken.de

Bibliografische Information der Deutschen Nationalbibliothek
Die Deutsche Nationalbibliothek verzeichnet diese Publikation in der Deutschen Nationalbibliografie; detaillierte bibliografische Daten sind im Internet über http://dnb.d-nb.de abrufbar.

E-Mail: info@schattauer.de
Internet: www.schattauer.de
Printed in Germany

Lektorat: Dr. rer. nat. Christina Hardt, Dr. med. vet. Sandra Schmidt
Umschlagabbildung: Nora Sprenger
Umschlaggestaltung: Reform-Design, 70565 Stuttgart, www.reform-design.de
Satz: Fotosatz Buck, Kumhausen/Hachelstuhl
Druck und Einband: Himmer AG, Augsburg

ISBN 978-3-7945-2883-7

Vorwort

„Gesundes Führen – Life-Balance versus Burnout im Unternehmen“ entstammt unserer langjährigen Arbeit in zwei Feldern. Zum einen beruht es auf unseren Erfahrungen in psychosomatischen Kliniken – als Ärztliche Leiter oder Supervisoren, in denen wir in speziellen Behandlungsprogrammen mit Patienten arbeiten, die an Stress-Folge-Erkrankungen, modisch: dem Burnout-Syndrom, leiden. Zum anderen resultiert es aus unseren Erfahrungen als Coaches und Berater in Unternehmen, in denen wir mit Führungskräften an der Entwicklung von Organisationskulturen arbeiten, die eine „Gesunde Führung“ ermöglichen.

„Gesundes Führen“ spannt einen Bogen von den aktuellen Burnout-Risiken über die Veränderungen in der Arbeitswelt zu Fragen wie Selbstmanagement und Grundsätzen für Führung und Zusammenarbeit.

„Life-Balance“ ist ein neuer Begriff: An die Stelle von „Work-Life-Balance“ setzen wir Life-Balance, denn die alte Unterscheidung zwischen „Arbeit und Leben“ ist obsolet geworden, die Grenzen zwischen beiden Sphären verschwinden, auch Arbeit ist Leben, und auch in der „Lebenszeit“ mit Freizeit, Partnerschaft und Familie gibt es Belastungen, die „Arbeit“ bedeuten und zu Stressoren werden können. Life-Balance ist eine Haltung, die der wachsenden Burnout-Gefährdung begegnet. Der Blick wird von der individuellen Bewältigung auf den Umgang von Unternehmen mit Gesundheitsthemen angesichts zunehmender Arbeitsverdichtung gelenkt.

„Gesundes Führen“ bezeichnet das Anliegen dieses Buches: zu zeigen, wie eine „gesunde“ Kultur der Führung und der Zusammenarbeit Bedingungen schaffen kann, die eine gelingende Life-Balance erlauben.

Unsere Erfahrung in „zwei Welten“, der Welt der Medizin und Psychotherapie und der Welt von Unternehmen im Bereich von Wirtschaft und Gesundheit, kann zwischen den Sichtweisen beider Welten vermitteln und Perspektiven verbinden. Wir hoffen, dass Sie als Leser von dieser Reise zwischen den Welten profitieren werden: für Ihre eigene Life-Balance und für Ihren Beitrag zu einer Kultur des „Gesunden Führens“!

München, Berlin, Bad Grönenbach
im Mai 2012

Mathias Lohmer,
Bernd Sprenger,
Jochen von Wahlert

Inhalt

Einführung

Arbeitsabläufe werden beschleunigt und verdichtet, die Grenzen zwischen Arbeit und Freizeit verschwimmen und der Spielraum in der Gestaltung der eigenen Berufsrolle schrumpft – dies alles führt zu wachsenden Krankenzahlen und Ausfällen. Der modisch gewordene Begriff „Burnout“ bezeichnet das dramatische Ansteigen der Kosten für die modernen Produktionsweisen und ein immer häufigeres Kippen der prekären „Work-Life-Balance“.
Wie können Unternehmen nun auf die Veränderungen der Arbeitswelt reagieren, was kann die Unternehmensführung tun, um für ein „gesundes Unternehmen“ zu sorgen, in dem hohe Produktivität und basales Wohlbefinden der Mitarbeiter zusammengehen?
„Gesundes Führen!“ zeigt, wie die Veränderungen im Unternehmen zu verstehen sind, was sie für den Umgang mit Stress bedeuten und wie eine Unternehmenskultur aussehen kann, in der eine „gesunde Führung“ eine gelingende Life-Balance zwischen Arbeitsanforderung, sozialen und psycho-physischen Bedürfnissen fördert.

In der Folge möchten wir Schlaglichter auf die einzelnen Kapitel werfen und eine kleine Leseanleitung anbieten.
Im Teil A „Grundlagen“ geht es in **Kapitel 1 „Stress, Stressverarbeitung und Burnout-Prophylaxe“** um die Entwicklung von Stresserleben zu Burnout, um die Vernachlässigung basaler Grundbedürfnisse wie schlafen und bewegen, aber auch Bindung und Selbstwertbestätigung. Hier führen wir unsere zentrale These aus – dass es nicht mehr um eine Balance zwischen „Work“ und „Life“ gehen kann, da auch im Arbeitsbereich „Leben“ stattfindet und im Freizeitbereich oft Stresserzeugende Anforderungen dominieren, sondern um eine wirkliche Life-Balance, in der Anspannung und Entspannung, Leistung und Erholung, Produktivität und Sinn-Erleben in ein gutes Gleichgewicht gebracht werden.
„Der Schlüssel für den Unternehmenserfolg besteht in einer guten Führung“ – in **Kapitel 2 „Gesundheit als Chefsache: Die Perspektive des Unternehmens“** geht es um den zentralen Hebel, den die Führung für ein „gesundes Unternehmen“ darstellt, um der Zunahme psychischer Erkrankungen, entsprechender Krankheitskosten und schließlich einem organisationalem Burnout vorzubeugen. Dieses liegt dann vor, wenn nicht nur einzelne Mitarbeiter krank werden, sondern eine ganze

Organisation ausgebrannt ist. Demgegenüber kann eine Förderung des Motivationssystems von Menschen mit unterstützenden und befriedigenden Beziehungen sowohl die Gesundheit als auch die Wertschöpfung steigern.
Kapitel 3 „Die menschliche Arbeit in ihrer historischen Entwicklung“ unternimmt einen Exkurs in die Veränderungen der Arbeitsanforderungen über die Zeit und geht der Frage nach, warum wir heute eine Anpassung vornehmen müssen in der Art und Weise, wie wir uns selbst steuern und andere führen.
Kapitel 4 „Führen in gesunden Unternehmen“ entwickelt auf der Basis der bisherigen Kapitel Grundlagen eines modernen Führungsverständnisses. Im Zentrum dabei: das „Dreieck der gesunden Führung“, ein Dreieck zwischen Selbstmanagement der Führungskraft, Aufgabenorientierung der Mitarbeiter und Stärkung des Teamzusammenhaltes. Dieses Dreieck muss beständig in Balance gehalten werden, damit Führung gelingt.
Kapitel 5 „Vom Kontorvorsteher zum Teamkoordinator: Was muss eine Führungskraft heute können?“ vertieft das Thema der Kompetenzen, die eine zeitgemäße Führungskraft braucht – dabei geht es um Eigenschaften wie emotionale Intelligenz, Ambiguitätstoleranz und die Fähigkeit zur Selbststeuerung.
Kapitel 6 „Führung gestalten: Person und Rolle“ zeigt, wie das Konzept der Rolle als vermittelnde Instanz zwischen den Bedürfnissen der Person und den Anforderungen der Organisation dabei helfen kann, Führung aktiv zu gestalten. In einem „gesunden Unternehmen“ ermöglicht eine kluge Rollengestaltung Mitarbeitern und Führungskräften eine hohe *Schnittmenge* von Person und Organisation im Bereich der Rolle – eine Grundvoraussetzung für Arbeitszufriedenheit und gute Aufgabenerfüllung!
Im **Teil B „Anwendung“** werden diese Themen vertieft. **Kapitel 7 „Selbstmanagement, Selbstführung und Selbstfürsorge für Führungskräfte“** fokussiert auf den bewussten und aktiven Umgang der Führungskraft mit Belastungsfaktoren bei sich selbst. „Macht meine Arbeit Sinn, werde ich dem, was in mir steckt gerecht? Findet das, was mir wichtig ist, auch statt in meinem Leben? Was nährt mich (emotional, geistig, materiell)? Gelingt es mir, die verschiedenen Bereiche auszubalancieren?“
Eine gelingende Selbstführung – so die These – ist die Voraussetzung, um Mitarbeiter führen zu können.
Kapitel 8 „Führung und Mitarbeiterorientierung“ zeigt, wie „gesunde Führung“ in der Beziehung zu den Mitarbeitern wirksam wird und welche Maßnahmen – vom Mitarbeitergespräch bis zur Unterstützung von Teamprozessen – dafür notwendig sind. Einmal mehr wird dabei deutlich, dass Führung Beziehungsarbeit ist und Persönlichkeitsentwicklung wie Teamkultur der Mitarbeiter im Auge haben muss.
Kapitel 9 „Grenzen akzeptieren heißt Stärke gewinnen: Kommunikation, Schnittstellenmanagement und Fehlerkultur“ ist ein Plädoyer, Grenzen auf der Ebene des

Individuums und der Organisation ernst zu nehmen und das Lebensgesetz der Rhythmizität von Anspannung und Entspannung zu beachten – nur damit kann Leistungskraft und Kreativität auf allen Ebenen erhalten werden. Dabei gilt es, die individuellen Grenzen und Rhythmen der Beteiligten zu achten und zu fördern. Wenn Individualität ernst genommen und damit der Verhaltensspielraum für die Mitarbeiter erweitert wird, braucht es gleichzeitig eine hohe Aufmerksamkeit für das Management von Schnittstellen.

In **Kapitel 10 „Zusammenarbeit und Konfliktmanagement"** werden die Grunddimensionen einer „Kultur der Zusammenarbeit" weiter entwickelt. Wie kann ich Kooperation und Konkurrenz im Gleichgewicht halten? Wieso braucht es gesunden Narzissmus in Gruppen und wann schadet pathologischer Narzissmus? Und: Warum sind Mitarbeiter so unersättlich nach Anerkennung? Im Unterkapitel über Konfliktmanagement wird ausgeführt, dass Konflikte innerhalb der Zusammenarbeit in Organisationen nicht per se negativ als Zusammenbruch der Kommunikation oder „Betriebsunfall" zu verstehen sind. Konflikte haben sogar in hohem Maße positive Auswirkungen. So weisen sie auf Probleme hin, regen Neugier oder Interesse an, fordern Entscheidungen heraus, verhindern Stagnation, setzen Energien frei und lösen Veränderungen aus. Ein guter Umgang damit schützt eine Organisation vor Erosion und Stressbelastung.

Zum Abschluss zeigt **Kapitel 11 „Die praktische Umsetzung im Unternehmen"**, wie das, was in diesem Buch beschrieben wird, umgesetzt werden kann. Die Unterstützung der Unternehmensspitze, die Umsetzung im Alltag mit den kleinstmöglichen Schritten und die Begleitung durch Coaching oder Supervision erweisen sich dabei als kritische Faktoren.

Schließlich befasst sich das Kapitel mit der Frage, auf welche Weise der Effekt von Investitionen in das Human- oder Sozialkapital eines Unternehmens gemessen werden kann. Wir zeigen, wie Kenngrößen wie Krankenstand und Fluktuation, Fehler- und Unfallquote, Arbeitsqualität und Effektivität dazu genutzt werden können.

Wir sind aufgrund unserer Erfahrungen in den letzten Jahren sehr zuversichtlich, dass viele Unternehmen ein Gespür dafür entwickeln, dass es in den Bereichen, die im vorliegenden Buch behandelt werden, eine hohe Produktivitätssteigerung mit vergleichsweise geringen Kosten erzielt werden kann. Es lohnt sich daher für alle Führungskräfte, das Bewusstsein für die eigene Rolle zu schärfen und an der Entwicklung der eigenen Führungsfähigkeiten zu arbeiten: Es lohnt für das Unternehmen, die Mitarbeiter – und für sich selbst!

A Grundlagen

1 Stress, Stressverarbeitung und Burnout-prophylaxe

Bernd Sprenger

Burnout – diesen Begriff kennt heute jeder. Im Jahr 1974, als ihn ein New Yorker Arzt (H. J. Freudenberger) eingeführt hat, war es ein Spezialausdruck für einen bestimmten Zustand, in den Angehörige von Helferberufen geraten können. Heute ist Burnout in den entwickelten Industrieländern quasi epidemisch verbreitet. Was sind die Gründe für diese Entwicklung?

Das zentrale Problem im heutigen Arbeitsleben ist die zunehmende Beschleunigung der Arbeitsabläufe, die praktisch überall einhergeht mit einer Aufgabenausweitung für den Einzelnen. Mit anderen Worten: Wir zahlen einen Preis für den Produktivitätszuwachs, auf den wir gewöhnlich stolz verweisen. Eine höhere Produktivität pro einzelner Arbeitskraft heißt ja, dass diese mehr in der gleichen Zeit leisten kann. Das ist zum Einen natürlich durch bessere Nutzung von technischen Möglichkeiten zu erreichen – ein Bagger schafft mehr als ein Mann mit einem Spaten, das ist klar.

Aber ein nicht unerheblicher Teil der Produktivitätserhöhung wird auch durch die so genannte „Arbeitsverdichtung" erreicht – d.h. der oder die Einzelne muss mehr Arbeitsabläufe in der gleichen Zeit bewältigen. Dazu kommt bei praktisch allen Tätigkeiten im heutigen Wirtschaftsleben eine Verbreiterung des jeweiligen Aufgabenspektrums. Diese geschieht manchmal „offen" und manchmal „versteckt". Ein Beispiel für eine offene Verbreiterung des Aufgabenspektrums wäre die Übernahme von Arbeiten durch eine Abteilung, die bisher von einer anderen Abteilung geleistet worden ist, welche aus Kostengründen eingespart wird. Von versteckter Verbreiterung des Aufgabenspektrums sprechen wir, wenn z.B. die Bedienung der Werkzeuge, die für die jeweilige Aufgabe benötigt werden, zusätzliches Wissen und Können erfordern. Ein mittlerweile praktisch jedem Menschen, der in einem Industrieland arbeitet, vertrautes Beispiel ist der Einsatz von Informationstechnologie: Computer zu bedienen und sinnvoll einsetzen zu können erfordert zusätzliches Wissen über die Programme und deren Funktion, das mit der eigentlichen Aufgabe, für die man das „Werkzeug" Computer braucht, noch nichts zu tun hat.

Dieser Entwicklung im Arbeitsleben parallel geht eine Ausweitung der Möglichkeiten des Konsums, der Freizeitgestaltung, des Reisens – all dies trägt zur Beschleunigung des Alltags bei, weil auch in der Zeit, in der nicht gearbeitet wird, die meisten Menschen mehr erleben oder konsumieren wollen. „Stuff means speed" („Viel Zeugs heißt hohes Tempo", übersetzt vom Autor) sagt James Gleick, der Chaosforscher.
Alle diese Faktoren tragen zur Zunahme von Burnout bei. Will man dem Ausbrennen vorbeugen, muss man seine Bemühungen in zwei Richtungen lenken:

- Verhaltensprophylaxe: Was kann die oder der Einzelne tun, um nicht auszubrennen?
- Verhältnisprophylaxe: Was muss ein Unternehmen tun, um Burnout zu vermeiden?

Auf beiden Seiten – beim Einzelnen und beim Unternehmen – gibt es eine ganze Reihe von Möglichkeiten, effektive Burnoutprophylaxe zu betreiben. Auf der Seite des Unternehmens ist der Schlüssel eine gute Führung, doch darum geht es weiter unten ausführlich.
Zunächst wollen wir uns im Grundlagenteil mit den Mechanismen von Stress und der Stressverarbeitung im Organismus beschäftigen; das korrespondierende Kapitel im Praxisteil B des Buches ist dort ebenfalls das erste Kapitel, in dem es um Selbstmanagement und Selbstführung geht – also um die Verhaltensprophylaxe.
Nachfolgend einige Begriffsklärungen:

▶ Stress

Der Begriff kommt ursprünglich aus der Materialforschung und bedeutet die kontrollierte Belastung eines bestimmten Stoffes (eines Baustoffes, einer Metalllegierung usw.) Ein „Stresstest" ist die gezielte Belastung eines Materials um herauszufinden, was es aushält. Manchmal werden auch komplexe Systeme, etwa technische Anlagen (Kernkraftwerke) oder Finanzsysteme (Banken), einem „Stresstest" unterworfen. Der Begriff „Stress" wanderte in die Medizin ein und meint dort alle Arten von Belastungen, denen der Organismus ausgesetzt ist.

▶ Stressor und Stressantwort

Als „Stressor" wird jeder stressauslösende Umstand bezeichnet. Stressoren, die sich auf den Organismus auswirken, können ganz verschiedenen Kategorien angehören. So sind beispielsweise Hunger und Durst Stressoren, aber auch Schlaflosigkeit oder Schmerzen – das sind quasi „physiologische" Stressoren. Lärm ist ein Stressor, Arbeitsdruck, sozialer Druck und unterschiedlichste Anforderungen an den Einzelnen sind Stressoren. Auch Ehrgeiz oder Perfektionismus können

erhebliche Stressoren sein – die Verwendung dieses Begriffes beinhaltet keine kategoriale Einschränkung.
Als Stressantwort des Organismus wird die Art und Weise bezeichnet, wie jemand körperlich, seelisch und geistig auf einen Stressor reagiert – und hier betreten wir den Bereich der individuellen Unterschiede. Nicht alle Menschen sind z.B. gleich lärmempfindlich und reagieren auf eine bestimmte Geräuschkulisse „gestresst". Diese Tatsache – die individuell unterschiedliche Stressantwort auf einen gegebenen Stressor – macht es unmöglich, den Stressbegriff zu objektivieren; das werden wir weiter unten noch genauer ausführen.

▶ Eustress und Distress

Man hat lange Zeit in Eustress (eu = griech. „gut") und Distress unterschieden; eine Unterscheidung, die manche Autoren in der Arbeitswissenschaft heute für überholt halten (z.B. Badura et al. 2010). Wir finden diese Unterscheidung allerdings praktisch immer noch ganz hilfreich. Lebendige Organismen sind darauf ausgelegt, mit Belastungen umzugehen – sie funktionieren sogar nur dann richtig, wenn regelmäßig entsprechende Belastungen auftreten; hier bewegen wir uns im Eustress-Bereich. Ein Beispiel: Jeder Muskel muss ein Minimum an Bewegung vorweisen, damit er nicht verkümmert, wie alle wissen, die schon einmal einen Gips am Arm oder am Bein hatten. Nach einigen Wochen Ruhigstellung der Gliedmaße muss man die entsprechenden Muskeln wieder regelrecht „auftrainieren". Ebenso gilt das für alle anderen Organe, vor allem das Gehirn. Die eiserne Regel für Gelerntes heißt „use it or loose it" (gebrauch es oder verlier es). Wenn Gelerntes nicht benutzt wird, verschwindet es wieder. Wer sich unter Mühen einmal eine Fremdsprache angeeignet hat und diese dann nicht benutzt, macht die traurige Erfahrung, dass die erworbenen Kenntnisse nach einiger Zeit nicht mehr zur Verfügung stehen.
Das heißt zusammengefasst, dass Stressbelastung keineswegs etwas per se „Negatives" ist, sondern für das Wohlbefinden und die Gesundheit in einem bestimmten Rahmen sogar unerlässlich ist.
Distress liegt dann vor, wenn die Stressbelastung schädliche Auswirkungen auf die Struktur oder die Funktion des Organismus hat. Jede andauernde Distress-Belastung macht körperlich, seelisch oder psychosomatisch krank. Vorübergehenden Distress kann der Organismus kompensieren. Lebendige Organismen sind generell sehr anpassungsfähig, und im Fall des Homo Sapiens sehen wir das schon daran, dass Menschen in Polarregionen siedeln können, in denen ewiges Eis vorherrscht, aber auch im tropischen Regenwald oder in der Wüste. Aber für jeden Organismus gibt es Grenzen, deren Überschreitung dazu führt, dass er die Anforderungen mit den vorhandenen Möglichkeiten nicht mehr bewältigen kann: Dann befinden wir uns im Distress-Bereich.

Physiologie der Stressverarbeitung

Der Mensch verfügt über ein differenziertes Reaktionssystem, wenn er Stressoren ausgesetzt ist, auf die der Organismus reagieren muss. An diesem System sind verschiedene Teile des Gehirns, verschiedene hormonbildende Drüsen und die dazugehörenden Stoffe, die sog. Stresshormone, beteiligt.
Man spricht von der so genannten „Stresskaskade“: Bei Stressanforderungen wird im Zwischenhirn, einer wichtigen Schaltstelle zur Integration von Wahrnehmungen, Gedanken und Gefühlen, ein Hormon (CRH) produziert, das in der Hirnanhangdrüse zur Freisetzunge eines Botenstoffes (ACTH) führt, welches über das Blut zur Nebennierenrinde gelangt und dort das körpereigene Hormon Cortisol freisetzt (das so genannte „Stresshormon“). Dieses steuert in vielfältiger Weise die Leistungsfähigkeit des Organismus und ist damit ein Schlüsselstoff für die Stressregulation. Der menschliche Cortisonspiegel ist normalerweise einer Tagesrhythmik unterworfen: In den Nachtstunden sinkt er ab, am Tag, wenn der Organismus auf „Leistung“ eingestellt ist, steigt er an. Über eine Rückmeldeschleife wird die Cortisonproduktion heruntergeregelt, wenn sich genug dieses Stoffes im Umlauf befindet (Abb. 1-1).
Dieses physiologische System zur Befähigung des Organismus, auf Stress zu reagieren, ist bei allen Menschen gleich. Man muss genauer sagen: Die rein körperlichen Abläufe sind gleich. Verschieden ist, wann das System anspringt und wie stark es das tut – mit anderen Worten, die „Einstellung“ dieses Mechanismus differiert sehr stark von Mensch zu Mensch, und hier kommt die Psychologie der Stressverarbeitung ins Spiel.

Psychosoziale Faktoren der Stressverarbeitung

Es ist durchaus unterschiedlich, was Menschen als Distress und was als Eustress empfinden. Der eine liebt das Achterbahn-Fahren oder gar das Bungee-Springen, weil er die damit verbundene Form der Aufregung anregend und angenehm empfindet, der andere würde sich nicht für Geld in einen Achterbahn-Waggon setzen oder an ein Bungee-Seil hängen lassen. Dasselbe gilt für alltägliche betriebliche Anforderungen: Es gibt Menschen, für die ist die Darbietung einer Präsentation vor Kollegen ein enormer Distress, andere leben auf, wenn sie vor Publikum die Ergebnisse ihrer Arbeit präsentieren können. Mit anderen Worten: Es gibt praktisch nichts, was man im Alltag von vorn herein als „negativen Stress“ bezeichnen kann – eben weil verschiedene Menschen die gleiche Situation sehr verschieden erleben und dementsprechend verschieden darauf reagieren. Wer auf welche Weise

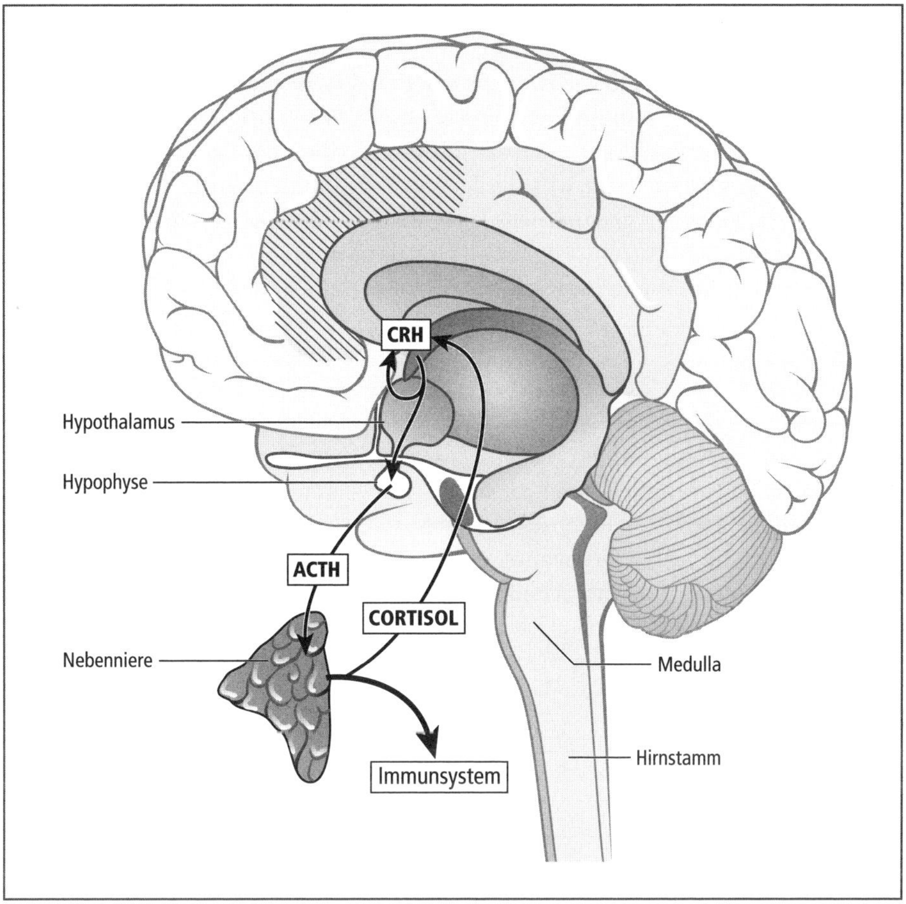

Abb. 1-1 Mechanismus der Stressantwort. CRH = Corticotropin-Releasing-Hormon, ACTH = adrenocorticotropes Hormon

auf einen gegebenen Stressor reagiert, hängt von einer großen Zahl *psychologischer* und *sozialer* Faktoren ab.

Zu den psychologischen Faktoren gehört vor allem die Erfahrung mit ähnlichen Situationen: Hat der oder die Betreffende gelernt, die Art von Schwierigkeit, die akut vorliegt, zu bewältigen? Damit eng zusammen hängt die Frage, wie selbstbewusst jemand ist – ein stabiles Selbstwertgefühl macht in der Regel resistenter gegen alle Arten von Stressoren.

Persönliche Grundhaltungen spielen eine große Rolle. So ist es von entscheidender Bedeutung, welche innere Haltung jemand gegenüber Erfolg oder Misserfolg hat. Die Einstellung „failure is not an option“ (Scheitern ist keine Option), ein im

Zusammenhang mit der amerikanischen Apollo-13-Mission oft zitiertes Motto, erhöht den Stresspegel schon bevor man ein Projekt beginnt.
Ein ähnlicher Stressverstärker ist auch der Perfektionismus: Wer bei allem, was er tut, Perfektion von sich und anderen erwartet, erhöht die Zahl der Stressoren von vornherein enorm. Aber auch soziale Kontextbedingungen sind wesentlich dafür, was als Eustress und was als Distress empfunden wird. Man kann sich das ganz gut am Sport klarmachen. Insbesondere im Leistungssport, der per se sehr kompetitiv strukturiert ist, kommt es darauf an, wie gut jemand mit der Wettbewerbssituation umgehen kann. Nur einer kann ganz oben auf dem Treppchen stehen, und die sog. „mentalen Faktoren", die bei gleichem Trainingsstand häufig über Sieg und Niederlage entscheiden, bedeuten unter dem Aspekt der Stressverarbeitung nichts anderes als die Frage, wem es gelingt, die Situation noch als Eustress (und positive Herausforderung) zu erleben und wer eher stark unter Distress steht im Wettkampf.
Zu den sozialen Faktoren ist auch zu zählen, ob bestimmte Tätigkeiten, Haltungen und Handlungen eher mit einem positiven Sozialprestige behaftet sind oder nicht. Nach dem Atomunfall in Fukushima im März 2011 gab es international eine breite Berichterstattung über die „Helden", die sich trotz akuter Lebensgefahr in den Bereich der zerstörten Reaktoren begaben, um zu retten, was zu retten war. Man kann davon ausgehen, dass sich das auf die Möglichkeiten der Stressregulation der Arbeiter vor Ort durchaus positiv ausgewirkt hat.

Burnout

Auch „Burnout" ist ein Begriff, der aus der Technik in die Medizin eingewandert ist. Zunächst bezeichnet er das Durchbrennen eines Reaktorkerns bei Überhitzung: Den Kernkraftunfällen von Three Mile Island in den USA 1979, Tschernobyl in der Ukraine 1986 und Fukushima in Japan 2011 lag jeweils ein Burnout zu Grunde.
Freudenberger, der den Begriff in die Medizin einführte, definierte Burnout als eine Krankheit chronischer emotionaler Erschöpfung mit reduzierter psychophysischer Leistungsfähigkeit. Multiple körperliche Beschwerden treten auf, Begeisterung, Idealismus, Arbeitseifer schwinden. Das Bild kann unbehandelt zu völliger Arbeitsunfähigkeit und schwerer Depression bis hin zur Suizidalität führen.
Wie kommt es nun zum Burnout? Bei ausgebrannten Patientinnen und Patienten handelt es sich häufig um Menschen, die ursprünglich ein hohes Engagement im Beruf gezeigt haben, jetzt aber chronisch erschöpft sind, unter multiplen körperlichen Symptomen leiden und deren Arbeitseifer, Begeisterungsfähigkeit und Idealismus auch mit größter Willensanstrengung nicht mehr zu mobilisieren sind.

Folgende Bereiche spielen eine wesentliche Rolle:

- objektive Arbeitsbelastung: Arbeitsmenge, Arbeitsdichte (wie viele Aufgaben in welcher Zeit, Zeitdruck)
- Ausmaß der Verantwortung, die mit der Arbeitsaufgabe verbunden ist
- Gestaltungsmöglichkeiten der Arbeitsaufgabe
- individuelle psychologische Faktoren: Ehrgeiz, Perfektionsstreben, „Helfersyndrom" und sonstiger persönlicher Neurotizismus, Coping = (Bewältigungs-) Strategien für den Umgang mit Distress
- Lebensbedingungen moderner Industriegesellschaften: Die Individualisierung und zunehmende Wahlfreiheiten bei einem Überangebot von Möglichkeiten aller Art, von der Partnerwahl bis zur Freizeitgestaltung, stellen hohe Anforderungen an den Einzelnen. Gleichzeitig verschwinden die traditionellen institutionalisierten „Kuschelecken" aller Art (Familie, Gemeinde etc.) immer mehr – mit anderen Worten: Der heute lebende Mensch ist in einem Ausmaß auf sich selbst verwiesen, wenn es um die eigene Lebensgestaltung geht, wie dies in der Geschichte bisher noch nicht da gewesen ist. Das hat einerseits den positiven Aspekt großer Freiheiten, bedarf aber andererseits einer enormen Selbststeuerungsfähigkeit, um die Orientierung nicht zu verlieren. Außerdem existiert das Paradox, dass dieser Freiheit auf der anderen Seite ein enormer Druck gegenübersteht (internationaler Wettbewerb, Flexibilitätsanforderungen im Beruf, Erfordernis der Rollenvielfalt). Aus der Zusammenschau dieser Gründe ist es zweifellos berechtigt, beim Burnout von einem typischen Phänomen moderner Industriegesellschaften zu sprechen.

Wenn also ein Mensch über lange Zeit chronischem Distress ausgesetzt ist, hat das unweigerlich Folgen, und eine Möglichkeit ist die Entwicklung eines Burnout. Chronischer Distress kann hervorgerufen werden durch viele Faktoren, die wir heute in einer ganzen Reihe von Branchen und Berufen antreffen: Dazu gehören die Überforderung durch das Tempo der Arbeit (Arbeitsverdichtung, s.o.) oder durch die ungeheure Menge an (häufig unstrukturierter) Information, die zu verarbeiten ist, aber auch der Umgang mit schnell wechselnden Gegebenheiten z.B. im Bereich der Märkte, aber auch im Bereich des eigenen Unternehmens. Eine Führungskraft einer international tätigen Bank fasste das einmal so zusammen: „Wir fangen schon mit der dritten Umstrukturierung an, noch bevor die erste vollständig umgesetzt ist ..." Aber auch strukturelle Unklarheiten, schlechter Informationsfluss und Rückmeldungen von Vorgesetzten ausschließlich bei Fehlern – was faktisch mangelnde Anerkennung der alltäglichen Arbeit bedeutet – sind chronisch wirksame Stressoren. Konflikthafter Alltag am Arbeitsplatz (schlechtes Betriebsklima), verbunden mit mangelnder persönlicher Unterstützung im persönlichen sozialen Umfeld tun ihr Übriges.

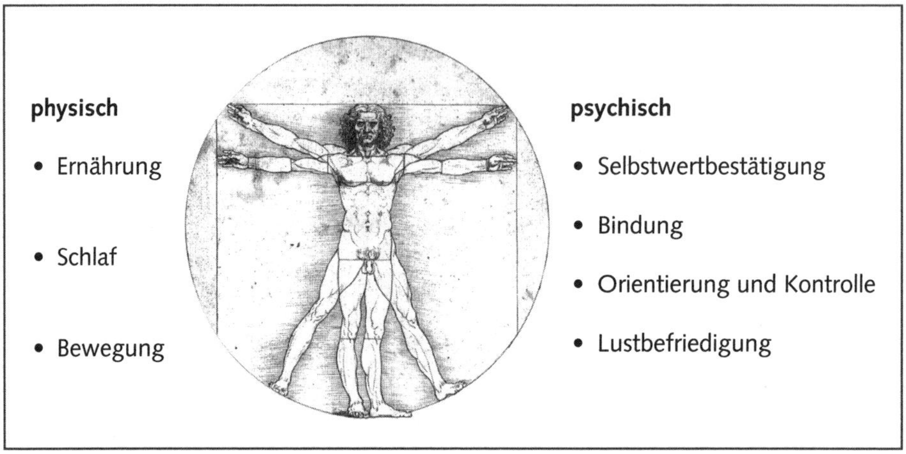

Abb. 1-2 Menschliche Grundbedürfnisse

Hier findet man oft Teufelskreise vor, die ungefähr so funktionieren: Die Arbeit nimmt zeitlich und energetisch einen enormen Platz ein; Familie und Freunde werden vernachlässigt und verübeln das durchaus – dadurch entsteht in einem Bereich, der eigentlich zum Auffüllen der persönlichen Ressourcen wichtig wäre, ein weiteres chronisch konflikthaftes Feld, auf das wiederum mit der „Flucht in die Arbeit“ reagiert wird – die Abwärtsspirale ist vorprogrammiert.

Wenn man sich die Grundbedürfnisse klarmacht, die Menschen haben, kann man die Burnout-Entwicklung ganz gut verstehen. Es sind dies sehr wenige (Abb. 1-2); wenn mehrere dieser Grundbedürfnisse – seien es die physischen oder die psychischen – über sehr lange Zeit vernachlässigt werden, kann das nicht ohne Folgen bleiben.

Beginnen wir mit den körperlichen Grundbedürfnissen. Was die Ernährung betrifft, findet man in unseren Breiten Gott sei Dank praktisch keine Unterernährung mehr, dafür aber um so häufiger Fehlernährung. Viele Führungskräfte „vergessen“ tagsüber zu essen, weil ein Termin den anderen jagt. Zwar stehen bei vielen Meetings Knabberteller, Kekse oder Canapées herum, die dann auch mehr oder weniger unkontrolliert konsumiert werden; abends wird oft sehr spät und verhältnismäßig üppig gegessen. Ein anderes, häufig anzutreffendes Verhaltensmuster ist das Essen beim Arbeiten – der „business lunch“ enthält bereits im Wort, dass das Essen nebenher erfolgt. Auf Dauer können solche Ernährungsgewohnheiten zu Übergewicht führen und Stoffwechselkrankheiten, z.B. Diabetes, begünstigen.

Diese tritt auch deutlich häufiger auf bei Leuten, die chronisch zu wenig schlafen, womit wir beim zweiten Grundbedürfnis wären. Chronischer Schlafmangel führt neben der Erhöhung des Risikos, an Diabetes mellitus zu erkranken, zu deutlich

höherem Herzinfarktrisiko. Zu wenig Schlaf wirkt sich drastisch auf die Funktionsfähigkeit des Immunsystems aus und führt öfter zu manifesten Depressionen, zu Konzentrationsstörungen und Verschlechterung der kreativen Fähigkeiten.
Was das Basisbedürfnis nach Bewegung betrifft, müssen wir uns daran erinnern, dass unser Organismus im Laufe der Evolution darauf ausgerichtet worden ist, sich körperlich anzustrengen. Moderne Hilfsmittel, vom Auto bis zum Aufzug, nehmen uns diese Anstrengung in weiten Bereichen ab – um den Preis der Erhöhung des gesundheitlichen Risikos, und zwar in genau den Bereichen, die wir beim Schlafmangel schon erwähnt haben. Wenn alle diese körperlichen Grundbedürfnisse chronisch zu kurz kommen, entsteht ein Synergie-Effekt, wie wir ihn uns nicht wünschen, nämlich genau in die falsche Richtung: Übergewicht begünstigt Zuckerkrankheit und Bluthochdruck, dieser führt vermehrt zu Herzkrankheiten ... die Teufelsspirale beginnt sich zu drehen.
Nun sind moderne Arbeitswelten ja tatsächlich häufig so organisiert, dass es nicht ganz einfach ist, diese Grundbedürfnisse zu befriedigen. So schlafen nicht wenige der heutigen Leistungsträger in Wirtschaft und auch Politik chronisch zu wenig; Fehlernährung ist ein Massenphänomen ebenso wie Bewegungsmangel.
Kommen wir zu den seelischen Grundbedürfnissen. Das Bedürfnis nach Bindung bildet die Tatsache ab, dass Menschen vom Beginn ihrer Existenz an auf andere angewiesen sind. Die Mutter-Kind-Bindung ist eine biologische Notwendigkeit, weil der Mensch über die ersten Jahre seiner Existenz unfähig ist, sich selbst zu versorgen. Nach heutigem Kenntnisstand ist die Evolution zum Homo sapiens nur möglich gewesen, weil der Mensch sehr frühzeitig gelernt hat, zusammenzuarbeiten.
Das Bindungsbedürfnis wird sehr häufig frustriert, weil moderne Arbeitsplätze nicht selten hohe Mobilität und tagelange Abwesenheit von daheim erfordern oder zumindest zeitlich so anspruchsvoll sind, dass es oft schwierig wird, eine gute Balance zwischen den Anforderungen des Berufs und denen der Familie zu finden.
Das Bedürfnis nach Selbstwertbestätigung ist ein lebenslanges Grundbedürfnis und hängt eng mit dem Bedürfnis nach Bindung zusammen. Unser Gehirn und unser „Selbst“ können sich nur entwickeln, wenn sie durch andere „gespiegelt“ werden. Mit andern Worten: Die Wertschätzung anderer ermöglicht es uns, unser eigenes Potential zu verwirklichen. Wir wissen heute, dass ein chronischer Mangel an Selbstwert-bestätigenden Mitmenschen zum Teil schwerste seelische Krankheiten auslösen kann (z.B. schwere Persönlichkeitsstörungen oder chronische Depressionen.)
In einer Wirtschaft, die extrem kompetitiv ist und deren implizite Botschaft lautet „eigentlich ist es nie genug“ (Leistung, Umsatz, Rendite usw.), ist strukturell schon nicht dazu angetan, zur Selbstwertstabilität sehr viel beizutragen. Dazu kommt der weit verbreitete Führungsfehler, dass Rückmeldung an Mitarbeiter und Mitarbeiterinnen nur erfolgt, wenn etwas schief läuft, gute Arbeit wird dagegen als

selbstverständlich vorausgesetzt: „Nicht gemeckert ist genug gelobt“, denkt so manche Führungskraft. Im einzelnen Unternehmen spiegelt sich dies dann darin, dass eine häufig gehörte Äußerung auf allen Hierarchieebenen die Klage über mangelnde Anerkennung der eigenen Person und Leistung ist.

Das Grundbedürfnis nach Lustbefriedigung (damit ist nicht nur sexuelle Lustbefriedigung gemeint, sondern alles, was angenehme Gefühle auslöst) hat seinen biologischen Sinn vermutlich darin, dass das Explorations- und Neugierverhalten belohnt wird – anders wäre es kaum zu erklären, dass viele Leute gerne Achterbahn fahren und die Angst, die mit dem Absturz in die Tiefe verbunden ist, eben auch lustvoll erlebt wird. Wenn das Grundbedürfnis nach Lustbefriedigung chronisch zu kurz kommt und das Leben nur noch aus Arbeit und Anstrengung besteht, wird die Funktionsfähigkeit des gesamten Organismus auf Dauer in Mitleidenschaft gezogen.

Nun sind lebendige Organismen extrem anpassungsfähig und auch sehr flexibel. Wenn eines oder mehrere dieser Grundbedürfnisse *eine Zeit lang nicht befriedigt* werden, kann das ein menschlicher Organismus durchaus tolerieren. Wenn aber *ständig gegen die Befriedigung der Grundbedürfnisse* verstoßen wird, brennt man früher oder später aus und wird krank. Dabei ist die Toleranzschwelle für die Missachtung der Grundbedürfnisse individuell sehr verschieden – sie hängt ab vom Alter, der Konstitution, den Vorerkrankungen und der persönlichen Frustrationstoleranzgrenze. Das macht es schwer möglich, normative Sätze der Art aufzustellen: „Diese oder jene Form von Distress muss unbedingt vermieden werden“ – Menschen sind sehr verschieden in dem, was sie aushalten können, ohne körperlich oder seelisch zu erkranken. Bei der Selbstfürsorge (siehe Kapitel 7) kommt man daher nicht darum herum, diese Grenzen individuell zu bestimmen.

Ein zweifellos den Burnout befördernder Umstand ist die Tatsache, dass der heutige Mensch in den entwickelten Industrienationen mit einem „zu viel von Allem“ umgehen muss, während die letzten Jahrmillionen der Evolution uns eher dazu befähigt haben, mit relativem Mangel, z.B. von Nahrung, zurecht zu kommen. Heute haben wir das gegenteilige Problem; wir haben ein Überangebot an Nahrungsmitteln, die praktisch ständig und überall verfügbar sind, wir haben eine enorme Informationsflut, die vom Einzelnen strukturiert werden muss, wenn dieser nicht untergehen will und wir haben ganz allgemein eine riesige Menge an Optionen bzgl. verschiedener Lebensstile und Konsummöglichkeiten. Wer es nicht hinreichend gut schafft, dem dauernden „zu Viel“ eine persönlich bewältigbare und befriedigende Strukturierung und Auswahl entgegenzusetzen, befindet sich nicht selten im dauernden Distress – ein bemerkenswertes Paradoxon, glauben doch die meisten Menschen, dass „mehr“ auch immer „besser“ sei; das ist ein häufig recht folgenschwerer Irrtum.

Hier bahnt sich jetzt bereits theoretisch an, was praktisch bei jeder Form von erfolgreicher Life-Balance und beim „gesunden Führen" entscheidend wird: Es geht zum einen um eine Verhältnisprävention (also darum, die Arbeitsverhältnisse so zu gestalten, dass sie nicht zum Burnout führen) – das ist die Aufgabe des Managements. Zum anderen aber geht es immer auch um eine Verhaltensprävention – das ist die Aufgabe jedes einzelnen Mitarbeiters; jede und jeder ist zunächst einmal selbst für die eigene Gesunderhaltung und die nachhaltige Erhaltung der eigenen Arbeitskraft verantwortlich.
In der Führungskraft kommen die beiden Bereiche direkt zusammen: Sie oder er müssen mit der drohenden Burnout-Gefahr für sich selbst klar kommen, aber Führungskräfte sind auch für die Verhältnisse in dem von ihnen verantworteten Bereich zuständig, weil es zu ihren Aufgaben gehört, diese zu gestalten. Diese Zusammenhänge werden in den Kapiteln 7 und 10 ausführlicher erörtert.

2 Gesundheit als Chefsache: Die Perspektive des Unternehmens

Jochen von Wahlert

Was bedeutet die Gesundheitsgefährdung Stress für das Unternehmen? Welche Folgen hat es, wenn es in einem Unternehmen nicht gelingt, die Gesundheit der Mitarbeiter zu erhalten und zu fördern? Wie kann ein modernes Unternehmen zu einem gesunden Unternehmen werden, wenn ein nachhaltiger wirtschaftlicher Erfolg Mitarbeiter erfordert, die sich langfristig mit ihrer ganzen Kraft, ihrem Engagement und ihrer Motivation für die gemeinsamen Ziele einsetzen?
Der Schlüssel für den Unternehmenserfolg besteht in einer guten Führung. Für die Frage von Gesundheit ist die Qualität der Führung vom Chef bis zum Meister, vom CEO bis zum Gruppenleiter unserer Einschätzung nach die entscheidende Einflussgröße auf das Wohl und Weh, das Wohlergehen und damit auf die Gesundheit der Mitarbeiter. Dies sollte allen Führungskräften bewusst gemacht werden und sie sollten Handwerkszeug dafür lernen (siehe Kapitel 8). Der Aspekt Gesundheit muss zentral in der Unternehmenskultur berücksichtigt werden. Angesichts der Zunahme komplexer Arbeitsanforderungen, der demographischen Entwicklung, dem steigenden Bedarf an Fachkräften und der Zunahme psychischer Erkrankungen wird schnell deutlich, warum.

Daten und Fakten

Die Verluste für die Volkswirtschaft aufgrund von Arbeitsunfähigkeit, Invalidität oder vorzeitigem Tod, werden auf rund 763.000 verlorene Erwerbstätigkeitsjahre geschätzt, das entspricht einem Anstieg von mehr als 23 % in den letzten sechs Jahren (Statistisches Bundesamt 2010).
Mit betrieblicher Gesundheitsförderung und Prävention lassen sich die Kosten reduzieren und die Gesundheit der Beschäftigen verbessern. Der „return of investment" liegt für Fehlzeitenkosten zwischen 1 zu 4,9 und 1 zu 10,1 und in Bezug auf die Einsparung bei den Krankheitskosten zwischen 1 zu 2,3 und 1 zu 5,9 (Sockoll

Tab. 2-1 Vorteile einer betrieblichen Gesundheitsförderung (Bundesministerium für Gesundheit 2011)

Für Arbeitgeber	Für Arbeitnehmer
Sicherung der Leistungsfähigkeit aller Mitarbeiter	Verbesserung des Gesundheitszustandes und Senkung gesundheitlicher Risiken
Erhöhung der Motivation durch Stärkung der Identifikation mit dem Unternehmen	Reduzierung der Arztbesuche
Kostensenkung durch weniger Krankheits- und Produktionsausfälle	Verbesserung der gesundheitlichen Bedingungen im Unternehmen
Steigerung der Produktivität und Qualität	Verringerung von Belastungen
Imageaufwertung des Unternehmens	Verbesserung der Lebensqualität
Stärkung der Wettbewerbsfähigkeit	Erhaltung / Zunahme der eigenen Leistungsfähigkeit
	Erhöhung der Arbeitszufriedenheit und Verbesserung des Betriebsklimas
	Mitgestaltung des Arbeitsplatzes und des Arbeitsablaufs

et al. 2008). Die Vorteile einer betrieblichen Gesundheitsförderung werden vom Bundesministerium für Gesundheit zusammengefasst (Tab. 2-1).
So wie jedes technische System (Maschinen) brauchen auch alle biologischen Systeme (Organismen) und alle sozialen und kooperativen Systeme (Organisationen) Pflege und Wartung, ohne die ihre Leistungsfähigkeit und Leistungsbereitschaft nicht dauerhaft erhalten werden kann. Wie bei einem technischen System muss nicht nur jede einzelne Komponente möglichst perfekt funktionieren, sondern es kommt auf das Zusammenspiel an, die Bewegungen müssen im Takt aufeinander abgestimmt sein, die Rädchen geschmiert und die Reibungsverluste minimiert werden.
Für das soziale System bedeutet dies, dass nicht nur der Arbeitsschutz und die Gesundheitsförderung jedes Einzelnen berücksichtigt werden sollte, viel mehr müssen das Miteinander und die Kommunikation funktionieren, die Arbeitsabläufe aufeinander abgestimmt und die Arbeitsbeziehungen gepflegt werden. Eine Gruppe von Menschen, die gut kooperieren, sich gegenseitig unterstützen und an gemeinsamen Zielen arbeiten, hat enormes Potential und ruft bei ihren Mitgliedern unter günstigen Bedingungen Eigenschaften und Fähigkeiten ab, von denen der Einzelne noch nicht einmal selbst etwas wusste. Und zum anderen werden in den industriell hoch entwickelten Ländern in den meisten Arbeitsbereichen die

Anforderungen immer komplexer und lassen sich nicht mehr durch den heroischen Einsatz oder durch die geniale Leistung Einzelner bewältigen, sondern es braucht *die bestmögliche Kooperation* vieler. Und das ist grundsätzlich auch nicht verwunderlich. Vielmehr ist es die biologisch verankerte Fähigkeit zur Kooperation, die uns Menschen im evolutionären Überlebenskampf die Vormachtsstellung gegeben hat, die wir heute inne haben.
Gesundheit als Chefsache bedeutet also weit mehr als die bisher geübte Praxis, alles, das entfernt nur nach Medizin klingt, an den Betriebsarzt zu delegieren oder Gesundheitsangebote in Form von ergonomischer Beratung, Betriebssportangeboten oder Wiedereingliederungsmanagement vorzuhalten.
Gesundheit wird zur zentralen Führungsaufgabe und beinhaltet die geplante Gestaltung aller Faktoren, die die physische und psychische Leistungsfähigkeit der Mitarbeiter beeinflussen. Moderne Ansätze fokussieren weit über die Perspektive auf den Einzelnen hinaus auf das soziale und emotionale Miteinander in einer Organisation und fördern mit aller Kraft das Wohlbefinden ihrer Mitarbeiter durch Anerkennung, Unterstützung, Entwicklungs- und Gestaltungsräume und durch intensive Möglichkeiten der sozialen Vernetzung.
Dabei zielt die Organisation von Gesundheit in Unternehmen heute nicht nur auf die körperliche, medizinische und psychische Gesundheit jedes Einzelnen, sondern wir fokussieren zunehmend auf die durch interaktive Prozesse entstehenden Eigenschaften wie Engagement, Identifikation, Kommunikationsbereitschaft und Motivation. Wir stellen fest, dass Information, Transparenz, Gestaltungsmöglichkeiten und das Erleben von Fairness, Menschlichkeit und Sinnhaftigkeit in der Arbeit nicht nur die individuelle Gesundheit fördert, sondern sich intensiv auf die Bereitschaft auswirkt, die persönlichen Fähigkeiten auch für das Unternehmen einzusetzen.
Betriebswirtschaftlich ausgedrückt wäre das Humankapital und das Sozialkapital zu pflegen und zu warten, bei Bedarf zu reparieren oder „upzudaten“, so wie es für den Betrieb jedes technischen Systems (Produktionsmittel) eine Selbstverständlichkeit darstellt.

Humankapital wird als Humanvermögen einer Organisation verstanden: Bildung, Qualifizierung und Spezialwissen ihrer Mitglieder, auch ihre soziale Kompetenz sowie die zu ihrer Aktivierung notwendige seelische und körperliche Gesundheit (Badura et al. 2010, S. 5).

Wer regelmäßige Wartung des Kapitals nicht durchführt, nimmt in Kauf, dass wertvolle Produktionsmittel schnell und vorzeitig verschleißen.

Sozialkapital meint im engeren Sinne das soziale Vermögen einer Organisation, d.h. Umfang und Qualität der internen Vernetzung, der Vorrat gemeinsamer Überzeugungen, Werte und Regeln sowie die Qualität der Menschenführung (Badura et al. 2010, S. 5).

Bedingt durch den demografischen Wandel, den hohen Bedarf an Fachkräften und die Zunahme an psychischen Erkrankungen sind schon eine wachsende Zahl von Unternehmen stark sensibilisiert und etablieren umfangreiche Maßnahmen. Es gilt nicht nur, die Leistungsfähigkeit der derzeitigen Belegschaft zu halten – die Unternehmen heute befinden sich auch in einem Wettbewerb um die besten Köpfe, die sich heute sehr wohl ihren Arbeitsplatz nach den Arbeitsbedingungen und dem Betriebsklima sowie dem Umgang miteinander aussuchen können.
Die physisch oft sehr belastenden Arbeitsbedingungen der frühen Industrialisierung verursachten berufsbedingte Erkrankungen und Unfälle. Seit dem ersten Arbeitsschutzgesetz von 1839 in Preußen entwickelte sich die arbeitsmedizinische Versorgung zu einem gesetzlich verankerten Bestandteil jedes Arbeitsverhältnisses. Die Aufgaben der Betriebsärzte sind die Förderung und Erhaltung der Gesundheit sowie der Arbeits- und Beschäftigungsfähigkeit der Menschen, zum Teil auch die Mitwirkung bei deren Wiederherstellung. Zu ihren Kompetenzen gehören die Prävention und die Gesundheitsförderung. Zu den klassischen Aufgaben der Betriebsmedizin gehört die Primär-, die Sekundär- und die Tertiärprävention.

- Die **Primärprävention** umfasst die Beratung bei der Gestaltung und Einrichtung der Arbeitsstätte und des Arbeitsplatzes, die Kontrolle der physikalischen, chemischen und biologischen Einwirkungen, der Schutz beim Umgang mit Arbeitsstoffen und Maschinen sowie bei der Gestaltung von Arbeits- und Fertigungsverfahren, Arbeitsabläufen und der Arbeitszeit. Die größten Erfolge konnten dabei erzielt werden, wo Gesundheitsschäden wissenschaftlich belegt monokausal der arbeitsbedingten Belastung zugeordnet werden konnten, wie das bei den gesetzlich anerkannten Berufskrankheiten der Fall ist (z.B. Lärmschwerhörigkeit, Hauterkrankungen, Asbestose, Silikose) und führte zu einem Rückgang dieser Erkrankungen und von Arbeitsunfällen. Psychische Erkrankungen und Burnout sind nicht als Berufserkrankungen anerkannt.

- Als **Sekundärprävention** wird das frühzeitige Erkennen von Gesundheitsrisiken bezeichnet, d.h. dass Gesundheitsgefährdungen schon weit unterhalb der Schwelle von Erkrankungen erkannt werden und z.B. durch Umgestaltung des Arbeitsplatzes, organisatorische Maßnahmen oder der Weiterentwicklung individueller Verhaltensmuster abgewendet werden können. Hier setzen arbeitsmedizinische Vorsorgeuntersuchungen an. Aber auch Hinweise auf psychophysiologische Belastungen (Schlafstörungen, Konzentrationsschwäche, Ohrgeräusche) und psychosoziale Belastungen (Konflikte in der Arbeitsgruppe, Mobbing einzelner) sollten ernst genommen werden. Immer mehr Unternehmen bieten ihren Mitarbeitern spezielle Programme für Gesundheit-Check-ups an, bei denen inzwischen auch Instrumente zur Diagnostik der psychosozialen Belastung eingesetzt werden. Manchmal sind die Check-ups auch mit sogenannten Präventionswochen kombiniert, in denen gesunde Ernährung, körperliche Fitness und Entspannungsverfahren angeboten werden.

▶ Mit der **Tertiärprävention** sind Maßnahmen gemeint, mit der nach einer Akutbehandlung die Gefahr von Folgeschäden und Rückfällen begegnet wird und eine Chronifizierung der Erkrankung verhindert werden soll. Eine wesentliche Rolle spielen hierbei die überwiegend vom Rentenversicherungsträger finanzierten Rehabilitationsmaßnahmen, deren Aufgabe es ist, bei gesundheitlicher Einschränkung die Teilhabefähigkeit im Berufsleben und in den Alltag wieder herzustellen.

In den Betrieben wird Arbeits- und Teilhabefähigkeit von erkrankten Mitarbeitern durch das gesetzlich geregelte (SGB IX, § 84 Abs. 2) betriebliche Eingliederungsmanagement (BEM) mit der Zielsetzung gefördert, einer erneuten Arbeitsunfähigkeit vorzubeugen und den Arbeitsplatz des Einzelnen zu erhalten. Einsetzen soll das BEM, wenn ein Arbeitnehmer im Laufe des letzten Jahres länger als 6 Wochen ununterbrochen oder wiederholt arbeitsunfähig war.
Das gesundheitliche Risiko am Arbeitsplatz ist unter anderem von dem jeweiligen Handlungsspielräumen der Mitarbeiter im Zusammenhang mit den hohen Anforderungen (Zeit- und Leistungsdruck), geringer sozialer Unterstützung durch Vorgesetzte und Kollegen und der Anzahl von Gratifikationskrisen (mangelnde Anerkennung) abhängig (Siegrist u. Rödel 2005).

Perspektivwechsel

Die Veränderungen in den Anforderungen an die Mitarbeiter führt zu verschiedenen Perspektiven auf das betriebliche Gesundheitsmanagement.

Chronische und psychische Erkrankungen als Kostentreiber

Akute Erkrankungen und Unfälle verlieren an Relevanz, dagegen werden die kostspieligen Arbeitsausfälle durch langwierige Erkrankungen des Herz-Kreislauf-Systems, durch Stoffwechselerkrankungen und durch psychische Krankheiten hervorgerufen.

Als Ursachen sind gesundheitsriskante Verhaltensweisen (Bewegungsmangel, falsche Ernährung, Übergewicht, Suchtverhalten) und ein erhöhtes Auftreten von seelischen Störungen, die mit der zunehmenden psychosozialen Belastung in Zusammenhang gebracht werden. Untersuchungen zeigen, dass Stress am Arbeitsplatz ein Risikofaktor für Herz-Kreislauf-Erkrankungen ist (Siegrist u. Rödel 2005).
Die Chefs in den Betrieben sollten Anreize und Angebote für eine die Gesundheit erhaltende Lebensführung zur Verfügung stellen, die Teil des Arbeitsalltags und der Unternehmenskultur werden. Zum Beispiel könnten Duschräume einen Anreiz dafür sein, morgens mit dem Fahrrad zur Arbeit zu fahren, die Essensangebote gesund und der Betrieb rauch- und alkoholfrei gehalten werden. Hinsichtlich seelischer Erkrankungen ist es wichtig, eine Kultur zu pflegen, in der über Belastungen gesprochen werden kann und Schwierigkeiten und Konflikte, wo möglich, auch gelöst werden.
Bei besonders starker Stressbelastung, wie sie bei akuten Traumatisierungen auftreten (Feuerwehr, Hilfskräfte, Polizisten, Bundeswehrsoldaten im Einsatz) kann das Risiko für eine Posttraumatische Belastungsstörung dadurch minimiert werden, dass die Belastungen offen thematisiert werden können und die Mitarbeiter in der Gruppe, bei den Kollegen und beim Vorgesetzten auf offene Ohren und Verständnis treffen.

Psychische Erkrankungen nehmen zu

Die körperliche Erkrankungen treten gegenüber den seelischen Krankheiten immer weiter in den Hintergrund. In Deutschland hat sich der Anteil psychischer Störungen an den Arbeitsunfähigkeitszeiten in den letzten 30 Jahren von 2 % auf 11 % mehr als verfünffacht (BKK Gesundheitsreport 2010). Sie stehen heute an vierter Stelle der häufigsten Erkrankungen (Abb. 2-1). Arbeitsunfähigkeitszeiten wegen psychischer Erkrankungen nehmen zu trotz eines insgesamt rückläufigen Krankenstands. Psychische Erkrankungen sind die häufigste Ursache für krankheitsbedingte Frühberentung (in den letzten 15 Jahren stieg ihr Anteil von 15,4 auf 37,7 %; Deutsche Rentenversicherung Bund 2009). Die Krankheitskosten von psychischen Erkrankungen liegen bei knapp 27 Milliarden Euro pro Jahr (Statistisches Bundesamt 2009).
Circa 30 % der Bevölkerung leiden innerhalb eines Jahres an einer diagnostizierbaren psychischen Störung. Am häufigsten sind Depressionen, Angststörungen, psychosomatische Erkrankungen und Suchterkrankungen.
Das Thema Gesundheit im Unternehmen muss sich also mit den seelischen Störungen der Mitarbeiter befassen. Die betriebsbedingten Ursachen für eine hohe bzw. krankmachende Stressbelastung erfährt man am besten von den Mitarbeitern selbst, die oft sehr genau berichten können, woher der Druck kommt und

Rangfolge der Ursachen für Tod und chronische Behinderung („disability-adjusted life years") weltweit

1990			2020
Atemwegserkrankungen	1	1	Koronare Herzerkrankung
Gastrointestinale Infektionen	2	2	**Depression,**
Perinatale Komplikationen	3		**Angsterkrankungen**
Depression	4	3	Verkehrsunfälle
Koronare Herzerkrankung	5	4	Zerebrovaskuläre Erkrankungen
Zerebrovaskuläre Erkrankungen	6	5	Chron.-obstr. Lungenerkrankung
Tuberkulose	7	6	Atemwegserkrankungen
Masern	8	7	Tuberkulose
Verkehrsunfälle	9	8	Kriegsfolgen
Angeborene Fehlbildungen	10	9	Gastrointestinale Infektionen
Malaria	11	10	HIV
Chron.-obstr. Lungenerkrankung	12	11	Perinatale Komplikationen
Epilepsie	13	12	Folgen von Gewalt
Eisenmangelanämie	14	13	Angeborene Fehlbildungen
Proteinmangelerkrankungen	15	14	Selbstverstümmelungen

Abb. 2-1 Rangfolge der Ursachen für Tod und chronische Behinderung (disability-adjusted life years) weltweit

welche Abläufe und welches Verhalten dazu beitragen. Dabei ist es oft eine Frage des Wie, ob etwas als Belastung oder eher als Herausforderung angesehen wird. Auch schwierige Situationen können von einer Belegschaft gut gemeistert werden, wenn es als gemeinsames Problem anerkannt wird, wenn der Zusammenhalt stimmt und mit den Mitarbeitern fair und offen umgegangen wird und sie sich selbst für eine Verbesserung der Situation engagieren können. Eskalieren hingegen kann eine Situation durch Verdunkelung, Intransparenz, falsche Versprechungen und unmenschlichen Umgang. Hier sind besondere Führungsqualitäten gefragt (siehe Kapitel 8).

Wenig Beachtung findet das Thema Depression. Psychische Störungen und Erkrankungen werden oft nicht erkannt, deswegen werden sie in der Regel zu spät diagnostiziert und unangemessen behandelt (Berndt 2006). Forschungsergebnisse zeigen (z.B. Dewa u. Lin 2002), dass Menschen, die unter Depressionen leiden, im Vergleich zu anderen, die körperlich krank sind, noch lange weiter arbeiten und sich nicht krank melden – allerdings arbeiten sie dann wesentlich weniger produktiv. Oft wird eine Depressive Episode erst erkannt und von den Betroffenen offenbart, wenn die Symptomatik zu schweren Krisen und Zusammenbrüchen führt oder die Erkrankung bereits chronifiziert ist. Beides führt zu erschwerten und langwierigen Behandlungsverläufen. Oft resultieren langfristige Fehlzeiten. Je

länger die Arbeitsunfähigkeit aber dauert, desto schwerer ist der Wiedereinstieg und um so wahrscheinlicher das vorzeitige Ausscheiden aus dem Erwerbsleben. Die Konkurrenz um den Arbeitsplatz, die Angst, ihn zu verlieren, verschärft noch die Situation und führt bei Betroffenen dazu, trotz Symptomatik lange durchzuhalten und die Erkrankung nicht zuzugeben. In Deutschland werden 60 % der Fälle nicht einmal diagnostiziert. Wird die depressive Störung verdrängt oder als solche nicht erkannt und angemessen behandelt, führt sie bei 15 % der Betroffenen zum Suizidversuch. Die depressiven Störungen gelten als die häufigste Todesursache bei unter 45-jährigen Menschen (Bahnsen 2009).
Menschen können lernen, für ihre psychische Gesundheit selber zu sorgen. Wie im ersten Kapitel ausgeführt, können sie Kompetenzen im Selbstumgang und dem Einsatz für die eigenen seelischen Grundbedürfnisse erwerben und damit einer psychischen Erkrankung vorbeugen oder entgegensteuern (siehe Kapitel 7).

Je besser Menschen für die eigenen Bedürfnisse sorgen können, desto weniger anfällig sind sie für Burnout, Depressionen, Angst- oder Suchterkrankungen.

Der Einzelne und die Organisation: Wer hat welches Problem?

Menschen geraten zunehmend in persönliche und berufliche Krisen oder fallen wegen psychischen Erkrankungen aus. Sicherlich findet man oft persönliche Gründe, warum Menschen nicht mehr den Anforderungen gewachsen sind und kann im Hintergrund dysfunktionale Verhaltensweisen finden. Wer hier aber alleine nach personenbezogenen Gründen sucht und aus sicherlich oft gut gemeinter Fürsorge nur individuelle Hilfen anbietet, wird dem Problem nicht gerecht. Wir richten den Blick zunehmend auf die Verhältnisse, in denen Menschen krank werden und finden meistens dort die entscheidenden Lösungsansätze. Es ist ungünstig und reicht nicht aus, alleine nur das Verhalten der Einzelnen zu unterstützen; viel effektiver ist es, sowohl individuell zu unterstützen als auch die Bedingungen zu verbessern, in denen Menschen arbeiten. Forschungsergebnisse zeigen, dass in der Arbeitswelt das Verhalten von Mitarbeitern den Verhältnissen folgt, in denen gearbeitet wird (Badura et al. 2010).

Die **Verhaltensprävention** will die Vermeidung von gesundheitsgefährdendem Verhalten erzielen (z.B. Rauchen, Essgewohnheiten, Vernachlässigung der Zahnpflege). Die **Verhältnisprävention** dagegen befasst sich mit technischen, organisatorischen und sozialen Bedingungen des gesellschaftlichen Umfeldes und der Umwelt sowie deren Auswirkung auf die Entstehung von Krankheiten (z.B. Auswirkungen von Stress) (Oberender et al. 2002).

Wir verstehen immer besser, dass es bei psychischen Belastungserkrankungen nicht notwendigerweise um die persönlichen Probleme von Einzelnen geht, sondern dass es häufig Organisationsbedingungen sind, die krank machen. Viele scheinbar erfolgreiche Unternehmen sind als Organisation in einer denkbar schlechten Verfassung, die als **organisationales Burnout** bezeichnet wird (Dilk u. Littger 2008). Symptome sind Kommunikationsprobleme, Informationsdefizite, zunehmende unlösbare Konflikte, ein Klimawandel im Umgang miteinander, ein hoher Krankenstand, Mitarbeiter, die sich abschotten und die permanent in Sorge sind, was mit dem Unternehmen passiert.

Ausgebrannte Mitarbeiter sind unter Umständen „nur" Symptomträger einer ausgebrannten Organisation.

Eine gute Krankenstatistik alleine reicht nicht

Die Perspektive richtet sich nicht nur auf die Befähigung und Gesunderhaltung des Einzelnen, sondern auf die Leistungsfähigkeit des gesamten kooperierenden Systems. Völlig unterschätzt ist die Problematik der Mitarbeiter, die zwar anwesend sind, aber wegen einer Krankheit nur sehr eingeschränkt ihren Aufgaben nachkommen können. Sie wird in der Arbeitsmedizin als **Präsentismus** bezeichnet.

Durch Präsentismus entstehen weit höhere Betriebskosten als durch die Krankschreibung ohne ernsthafte Erkrankung (Absentismus).

Zu Grunde liegen oft psychische Erkrankungen, Burnout und Depression, bei denen die Menschen sich für ihre Erkrankung schämen oder die sie selber nicht wahrhaben wollen. Insgesamt kann jedoch davon ausgegangen werden, dass Präsentismus, d.h. das Verzichten auf kürzere, regenerative Phasen der Arbeitsunfähigkeit, bei einem eher schlechten Gesundheitszustand das Risiko erhöht, eine schwere Herz-Kreislauf-Erkrankung zu erleiden (Steinken u. Badura 2011). Darüber hinaus zeigen Forschungsergebnisse, dass bei bestimmten Erkrankungen (Migräne, Diabetes, Arthritis, Bluthochdruck, Depressionen) der Produktivitätsverlust durch Präsentismus höher ausfällt als durch Absentismus und damit den größten Kostentreiber darstellt (Goetzel et al. 2004). Zwei Studien ermitteln zudem einen Zusammenhang zwischen dem Verhalten, trotz einer Erkrankung arbeiten zu gehen (Präsentismus) und einem späteren krankheitsbedingten Fehlen von der Arbeit (Absentismus). Präsentismus führt dabei insbesondere zu Langzeit-Arbeitsunfähigkeiten.

Traditionell gehen viele Betriebe davon aus, dass ihr Erfolg zentral von der Eignung, dem Können und Engagement jedes einzelnen Mitarbeiters abhängt. So ist es das Ziel, möglichst fähige Mitarbeiter zu gewinnen, die dann individuell gefördert und entwickelt werden. Das wirtschaftliche Potential des Betriebes wäre so die Summe der Einzelleistungen. Betrachten wir aber jedes Individuum einzeln, dann verschenken wir die Leistungen, die nur in einer Gruppe durch die Zusammenarbeit, die gegenseitige Anregung und Impulse und die dadurch generierten Ideen und Lösungsstrategien entstehen.

Wir Menschen sind soziale Wesen, die ihre Potentiale oft nur in Kooperationen mit anderen erschließen können.

Neurobiologisch ist inzwischen gut belegt, dass unser Gehirn ein soziales Organ ist („social brain“, Insel u. Fernand 2004), das evolutionsbiologisch Vorteile brachte, weil relativ früh in der Entwicklung das Individuum und der Selektionsvorteil des Einzelnen in den Hintergrund trat, vielmehr spielte ein vernetzter Verstand und gemeinschaftliches Handeln auf Gruppenebene eine überlebenswichtige Rolle (Wilson u. Wilson 2009). Die neuronalen Strukturen sind darauf ausgerichtet, Beziehungen zu anderen zu suchen und diese langfristig zu pflegen, sie also erfolgreich zu gestalten. Hier seien nur die Funktionsweisen des Motivations- und Bindungssystems mit den Neurotransmittern Dopamin und Oxytocin, das Spiegelneuronensystem und die neuronale Plastizität genannt.
Gesundheitspolitik im Unternehmen kann also die biologischen Grundbedürfnisse nach Kooperation nutzen, um die Leistung des ganzen Systems zu erhalten im Sinne einer gesunden Organisation. Wichtig ist wiederum die soziale und emotionale Kompetenz auf allen Ebenen zu fördern, Anreize zu setzen und Räume zu schaffen, in denen sich diese Fähigkeiten entwickeln können.

Mehr als Krankheitsvermeidung: Wohlbefinden fördern

Wir richten den Blick über die Krankheitsvermeidung hinaus auf das Ziel, dass sich die Menschen in der Organisation, in der sie arbeiten, wohl fühlen. Ist das der Fall, dann hat man gute Chancen, dass Menschen auf Grund ihrer Basismotivation, die eigene Art zu erhalten, sich mit Leibeskräften für die Gruppe, die Abteilung und das Unternehmen einsetzen und dies als hohe Priorität für sich definieren. Gemeinsame Erfolge werden durch einen (hormonell vermittelten) Zustand tiefer Befriedigung belohnt. Sie führen dazu, dass Menschen sich wertvoll und zugehörig fühlen und sich kompetent und aktiv erleben.

Gemeinsam etwas zu bewegen wirkt zutiefst sinnstiftend.

Wir tun also zum einen etwas für das psychische Wohlergehen, den Zusammenhalt und das Betriebsklima. Darüber hinaus aber regen wir so weiteres Engagement an und motivieren Menschen, noch besser zu werden, noch mehr Ideen zu entwickeln, sich noch mehr einzusetzen. Das Gehirn möchte nämlich immer mehr von den Glücksgefühlen, die durch den Cocktail von Neurotransmittern hervorgerufen werden, die wiederum bei gemeinsamem erfolgreichem Handeln freigesetzt werden. Wir können so also mit einer entsprechenden Kultur von Leistung und Zusammenarbeit weitere bisher ungehobene Schätze an Kreativität und Einsatzbereitschaft heben und damit das Betriebsergebnis verbessern.
Im günstigen Fall kann hierbei eine Win-win-Situation geschaffen werden, die zum einen die Freude am Engagement und grundlegende Überlebenstriebe befriedigt, zum anderen die Schaffenskraft der Mitarbeiter für eine Steigerung der Effektivität und Qualität der Produktion nutzt. Somit lassen sich Ansätze, die eigentlich der Krankheitsvermeidung dienen, zur Potentialsteigerung der Belegschaft nutzen.
Wohlbefinden ist ein also ein Zustand, der sich neurobiologisch durch die verstärkte Aktivität des Motivationssystems (Hüther u. Fischer 2009) nachweisen lässt. Das Motivationssystem gilt hierbei als die Grundlage für die menschliche Zielstrebung und es wird zentral über zwischenmenschliche Anerkennung angetrieben (Insel 2003). Der Mensch konnte sich also den entscheidenden Überlebensvorteil dadurch sichern, dass sein Gehirn auf Kooperation und Zusammenhalt programmiert ist, ohne die er keinen Sinn und kein Ziel empfindet. Diese Zusammenhänge sollten im Gesundheitsmanagement und in der Strategie von Unternehmen Berücksichtigung finden.

Unterstützende und emotional befriedigende Beziehungen fördern die Gesundheit (Pfaff 1989; Badura et al. 2008). Chronische Konflikte sowie Verluste von hochgeschätzten Menschen und Netzwerken machen krank.

Zentrale Bedingung für Wertschöpfung: Psychische Gesundheit

„Chancen und Risiken für die Gesundheit liegen in einer kooperationsintensiven Wirtschaft zuallererst an der Mensch-Mensch-Schnittstelle. Neben Bildung und Qualifizierung wird das psychische Befinden zur wichtigsten Voraussetzung hoher Leistungsbereitschaft“ (Steinke u. Badura 2011, S. 113). Dabei gilt es nicht nur, die gesundheitliche und kognitive Voraussetzung für die Bewältigung der Arbeitsaufgaben zu schaffen, sondern zukünftig wird auch die psychische Gesundheit an Bedeutung gewinnen. Erfolgreich werden die Unternehmen sein, die für einen nachhaltigen Einsatz von Engagement, Motivation und Kreativität ihrer Mitarbeiter sorgen und deren Fähigkeit fördern, gesund mit sich selber umzugehen und gute Arbeitsbeziehungen zu anderen (Kollegen, Vorgesetzte, Mitarbeiter) zu entwickeln.

Ressourcenorientierung

> Ressourcenorientierung bedeutet in der Arbeits- und Organisationspsychologie, dass der Blick auf die Stärken und die Kraftquellen einer Person gerichtet wird.

Das Wohlbefinden und die Fähigkeit, schwierige Herausforderungen zu meistern, Probleme zu lösen und sich aus Notlagen zu befreien, ist beim Menschen unmittelbar an der von ihm in der konkreten Situation wahrgenommenen Ressourcenlage abhängig. Wie viel Kraft, welche Fähigkeiten, welche Unterstützung stehen zur Verfügung? Eine gute Ressourcenlage stärkt das Vertrauen in die eigene Wirksamkeit und in die Problemlösefähigkeit. Wer mit dem Vertrauen in die eigenen Fähigkeiten und in die Unterstützung durch sein Team in einen Kampf zieht, hat sehr viel größere Chancen zu gewinnen als jemand, der von vorneherein zweifelt, ob er überhaupt kämpfen kann. Je deutlicher ein Mensch seine Ressourcen spürt, desto kreativer und einfallsreicher wird er mit einer Situation umgehen.

Ressource Bindung

Insbesondere die Bindung an Kollegen und Vorgesetzte sind von enormer Bedeutung, „ … weil sie die Qualität unseres täglichen Lebens auf sehr direkte Weise beeinflussen."(O'Toole u. Lawler 2006, S. 133). „Die Befriedigung immaterieller Bedürfnisse nach Anerkennung, Kontrolle und Zugehörigkeit sind für Arbeitsklima und Arbeitsergebnis wichtiger als physische Bedingungen."

Ressource Gesundheit

Wie lassen sich Arbeitsbedingungen gestalten, die die Ressource Gesundheit fördern? Nach Badura et al. (2010, S. 47) sind folgende Kriterien relevant:
- Sinnhaftigkeit der Arbeit
- Klarheit der Ziele
- Vermeidung von chronischer Über- oder Unterforderung
- angemessene Handlungsspielräume
- anerkennende Rückmeldungen

Verbunden mit einer unterstützenden Arbeitsumgebung, zu der
- unterstützende soziale Netzwerke,
- eine fördernde Führung und
- Partizipation

gehören.

Die Arbeitsstelle bietet im günstigen Fall die Erfahrung, etwas Wichtiges, Relevantes zu tun, gebraucht, gemocht und anerkannt zu werden, zu erfahren, dass die „Arbeit in der Gemeinschaft eine tiefe Sinnquelle sein kann“ (Senge 1998).

Ressource Kooperation

Die komplexen Anforderungen der modernen Arbeitswelt sind in vielen Fällen nur dann zu bewältigen, wenn die Fähigkeiten, die Kreativität und das Wissen von vielen zusammenkommt und gemeinsam an der Lösung einer Aufgabe gearbeitet wird. Das bedeutet, dass die Zielerreichung ganz entscheidend von der Qualität und dem Umfang der Kooperation abhängt und nicht in erster Linie von der eingesetzten Technik bzw. vom Wissen oder der Qualifikation Einzelner. Die Qualität der Zusammenarbeit beruht auf dem Grad des vertrauensvollen Umgangs miteinander, auf gegenseitiger Wertschätzung, auf den Vorrat gemeinsam getragener Werte, Regeln und Überzeugungen (Badura et al. 2010), das in der Summe das soziale Vermögen eines Unternehmens ausmacht.

Der Fisch gesundet vom Kopf her ...

Betriebliches Gesundheitsmanagement darf nicht auf der Initiative einzelner im Unternehmen beruhen, sie muss von der obersten Unternehmensleitung gewollt und mit Nachdruck verfolgt werden. Auf keinen Fall dürfen Anti-Stress-Programme aufgelegt werden, die ohne einen nachhaltigen Veränderungswillen quasi als Feigenblatt nur persönliche Burnout-Prophylaxe für einen kleinen Teil des Managements betreibt, ohne langfristige Perspektive und Einbeziehung von organisatorischen Abläufen, der innerbetrieblichen Kommunikation und der Betriebskultur. Strohfeuer machen Mitarbeiter misstrauisch und erhöhen die Abwehr gegen Maßnahmen, die von oben verordnet werden. Betriebliches Gesundheitsmanagement muss also getragen werden von einer betrieblichen Gesundheitspolitik, bei der die Unternehmensleitung eine Vision entwirft (Beispiel: gesunde Mitarbeiter führen auch zu einem wirtschaftlich gesunden Unternehmen), bei ihren Führungskräften das Bewusstsein für die angesprochenen Themen fördert und sie dazu bringt, Verantwortung zu übernehmen. Der Katalog von BGM-Maßnahmen kann dann von einem dafür beauftragten Projektteam am besten unter Beteiligung der Betroffenen entwickelt werden.

Ohne die Beteiligung der Betroffenen geht es nicht

Für die Entwicklung von konkreten Maßnahmen ist es oft sehr förderlich, die Belegschaft einzubeziehen und ein gewisses Maß an Selbstorganisation zuzulassen. Werden Räume und Strukturen für kreative Beteiligung und Innovationen von Beteiligten geschaffen und dies mit entsprechenden Kompetenzen hinterlegt, bilden sich in der Regel effektive, engagierte Arbeitsteams, die den Großteil der relevanten Themen identifizieren, Verbesserungsvorschläge unterbreiten und sich an der Umsetzung aktiv beteiligen. Voraussetzung ist, dass der Veränderungsprozess ernsthaft und glaubhaft von den Entscheidungsträgern gewollt ist und eine Atmosphäre der Offenheit und des Vertrauens geschaffen wird.

Prozesse verändern sich schon dadurch, dass man sich auf den Weg macht

„Das Ergebnis zählt", dieses Motto sollte hier nur mit folgender Überlegung Anwendung finden. Natürlich gehen wir davon aus, dass die gezielte Förderung von Gesundheit in Unternehmen, so wie hier skizziert, eine Organisation besser in die Lage versetzt, ihre Primärziele zu verfolgen. Studien zeigen (siehe Kapitel 11), dass sich jeder hierbei investierte Euro rechnet und insgesamt die Wirtschaftlichkeit und Überlebensfähigkeit von Unternehmen enorm steigt. Auf dem Weg dorthin sollte man aber nicht auf schnelle Ergebnisse schielen. Vielmehr trifft auch hier das berühmte Zitat „der Weg ist das Ziel" zu, das ja bedeutet, dass man seinen Willen auf den Weg gerichtet hat. Man hat eine Menge erreicht, wenn der Großteil der Belegschaft das Thema Gesundheit zu seiner Sache macht, sich engagiert und einbringt, je nach Kräften und Möglichkeiten. Das Engagement für eine gemeinsame Veränderung hat an sich schon positive Effekte, die sich mittelfristig auf die Mitarbeiterbindung, die Arbeitsmotivation und die Leistungsfähigkeit der Belegschaft auswirken.

3 Die menschliche Arbeit in ihrer historischen Entwicklung

Bernd Sprenger

Wir möchten in diesem Kapitel die Entwicklung der menschlichen Arbeit im historischen Zusammenhang kursorisch darstellen. Dies wird uns dazu dienen, besser zu verstehen, warum wir heute eine Anpassung vornehmen müssen in der Art und Weise, wie wir uns selbst steuern und andere führen. Gewöhnlich erfolgen Anpassungsprozesse – z.B. im Führungsstil in Unternehmen – nicht „von selbst", sondern weil sich die Bedingungen, unter denen heute Unternehmen erfolgreich sind, drastisch gewandelt haben. Dabei ist es durchaus als normal zu betrachten, dass der Wandel des Führungsverständnisses der Entwicklung hinterherhinkt – wir treffen in vielen Unternehmen noch ein Führungsverständnis an, das gut zu den Bedingungen des 19. und der ersten Hälfte des 20. Jahrhunderts gepasst hat, heute aber eher zu kontraproduktiven Effekten führen kann.
Die Beziehungen der Menschen zueinander und die daraus sich ergebenden gesellschaftlichen Regeln und sozialen Lebensformen waren schon immer ein direkter Spiegel der ökonomischen Notwendigkeiten. Dabei entwickelt sich die Art des Wirtschaftens schneller als unser Bewusstsein. Zum Beispiel erfassen wir in der Breite erst jetzt so langsam, was die digitale Revolution für die Art und Weise der Informationsbeschaffung und -verarbeitung, für die Beschleunigung von Abläufen und für die Art sozialer Kontaktpflege – etwa durch soziale Netzwerke im Internet – tatsächlich für uns bedeutet. Es bedarf sozusagen einer gewissen Erfahrung mit einer neuen Wirtschaftsweise, einer neuen logistischen Möglichkeit oder einer neuen Technik, damit wir uns innerlich auf eben diese Möglichkeiten einstellen. Das ist letztlich der Grund dafür, warum sowohl Organisationsformen als auch Führungsstile der tatsächlichen Entwicklung hinterherhinken. Wenn es dann „knirscht im Gebälk", ist das häufig der Auslöser für eine Veränderung oder Entwicklung der eigenen Unternehmens- oder Abteilungsorganisation.
Das ist auch gar nicht anders möglich, da wir trotz aller Investition in so genannte „Zukunftsforschung" sehr wenig in der Lage sind, vorherzusehen, wie sich bestimmte Entwicklungslinien der Wirtschaft in der Zukunft verhalten werden und daher notwendigerweise in weiten Bereichen gezwungen sind, zu re-agieren

statt zu agieren. Die Kenntnis historischer Entwicklungen ist dabei trotzdem immer hilfreich – und sei es, um Fehler, die schon einmal gemacht wurden, nicht zu wiederholen.

Die weitaus längste Zeit der bisherigen Menschheitsgeschichte war agrarisch: Zunächst die Jagd und der Fischfang, später bestimmten die Viehzucht und der Anbau von Getreide und anderen Nutzpflanzen den Alltag, die gesellschaftlichen Strukturen und auch das Bewusstsein der Menschheit. Das Klima und das Wetter, die Gezeiten, die natürlichen Rhythmen von Aussaat, Wachstum und Ernte und die Lebenszyklen der Tiere waren im Wortsinne lebensbestimmend: Nur wer all dies kannte und seine Arbeit und sein Verhalten darauf einstellen konnte, konnte seinen Lebensunterhalt bestreiten.

Dementsprechend waren die gesellschaftlichen Strukturen ausgerichtet: Die Familie und das Dorf spielten die größte Rolle im Bewusstsein der Menschen, größere Strukturen wie etwa staatliche Gebilde waren für den Alltag eher bedeutungslos. Anonymere Organisationen, innerhalb derer eine Zusammenarbeit notwendig gewesen wäre, gab es so gut wie gar nicht; die Lebenswelt war lokal, die Loyalitäten primär an verwandtschaftlichen Verhältnissen ausgerichtet und die Arbeit unmittelbar auf die direkt umgebende Natur bezogen. Der geistig-kulturelle Rahmen dieser Lebensweise wurde durch die Religionen vorgegeben, die sowohl für die „letzten Fragen" nach dem „Woher" und „Wohin" als auch für die Fragen des täglichen Zusammenlebens sowie der Ethik und Moral jeweils gültige Antworten bereit hielten.

In diesem Rahmen fand zwar auch eine Weiterentwicklung statt, sowohl was verbesserte Anbaumethoden als auch verbesserte Werkzeuge, etwa zur Bearbeitung des Bodens, betraf. Diese Entwicklung verlief aber langsam, zumindest wenn man als Maßstab das heutige Tempo gesellschaftlicher und wirtschaftlicher Evolution anlegt. Man kann diese Entwicklung eher als graduell beschreiben, nicht unbedingt als prinzipiell: Das Grundprinzip, die **bäuerliche Basis der Existenz**, blieb über viele Jahrhunderte gleich – das Wissen der Urgroßväter war in den meisten Belangen auch für die Arbeit der Urenkel noch von unmittelbarer Bedeutung. Das ist heute nicht mehr so: Zum Beispiel ist die Einführung der Computertechnologie als Werkzeug praktisch jeden Wirtschaftszweiges in so kurzer Zeit erfolgt, dass die Kinder mit einer Technik aufwachsen, die die Väter noch gar nicht kannten, als sie selbst Kinder waren.

Heute, in einer globalisierten und hoch beschleunigten Welt, kann man sich möglicherweise nur schwer vorstellen, wie das Alltagsbewusstsein der Menschen in den langen Jahrhunderten der primär agrarischen Entwicklung ausgerichtet gewesen ist – mit Sicherheit war es deutlich anders, als wir uns heute und die Welt um uns herum erleben.

Mit der Blüte der Städte, des **Handels** und des **Handwerks im Mittelalter** setzte eine Entwicklung ein, die erstmals Zeichen einer qualitativen Veränderung auf-

wies: Erste Organisationsformen, die nicht mehr primär am Familienverband und am Dorf ausgerichtet waren, wurden notwendig. In den Städten waren das z.B. die **Zünfte** – Zusammenschlüsse von Meistern eines bestimmten Handwerks. Sie waren faktisch sehr einflussreich, weil sie bestimmen konnten, wer unter welchen Bedingungen ihr Handwerk ausüben durfte und wer nicht. Der Zugang zu einem ökonomisch bedeutsamen Bereich wurde erstmals über eine Struktur geregelt, die nicht mehr ausschließlich am familiären Erbe und am Grund und Boden orientiert war, sondern an inhaltlichen Notwendigkeiten (z.B. einem Bündel von überprüfbaren Kenntnissen und Fähigkeiten, die als Voraussetzung dafür definiert wurden, wer sich Meister oder Geselle im jeweiligen Handwerk nennen durfte).
Für die im Lauf der weiteren Geschichte allmählich **zunehmende Mobilität** zu Lande und zu Wasser wurden Organisationsformen notwendig, die nicht mehr ausschließlich lokal funktionierten; die Entwicklung der Hanse ist hierfür ein Beispiel. Sie setzte um 1200 ein und entwickelte sich im Laufe der nächsten 500 Jahre zu einem bedeutenden wirtschaftlichen, aber auch kulturellen und politischen Faktor. Zunächst war sie nur ein pragmatischer Zusammenschluss von Kaufleuten, die es sicherer fanden, gemeinsam das Meer zu befahren und in fernen Handelsplätzen gemeinsame Interessenvertretungen aufzubauen; später wurde daraus die sog. „Städtehanse“, die auch einen politischen Zusammenschluss darstellte.
Um den Handel über den reinen Tauschhandel hinaus möglich zu machen, wurden ebenfalls neue Formen der Zusammenarbeit notwendig: Die Vorformen der heutigen Banken entstanden. Erstmals kamen Organisationsformen ins Spiel, die denen eines modernen Unternehmens zumindest ähneln. Nicht mehr familiäre Bande, sondern ökonomische Interessen, die sowohl überregional als auch über die eigene Familie und das Dorf hinaus reichten, wurden bedeutsam – für das menschliche Bewusstsein und die Organisation der menschlichen Arbeit eine nicht unerhebliche Veränderung.
Eine massive Umwälzung kam mit dem Beginn der **Industrialisierung** in Gang – nicht umsonst sprechen wir allgemein von der „Industriellen Revolution“. Sie markiert den Übergang zu drei neuen Qualitäten für die menschliche Arbeit:

- die Dominanz der Maschine über den Menschen
- die Relevanz des Zeittaktes
- die Anonymisierung der Arbeit

Wenn man die Geschichte der Industriellen Revolution betrachtet, so ist eine fortschreitende Anpassung des Menschen an maschinelle Notwendigkeiten zu beobachten – schon Charlie Chaplin hat diese Entwicklung in seinem Film „Moderne Zeiten“ meisterhaft karikiert, in dem er zeigt, wie ein Arbeiter sich zunehmend im Takt der Maschine bewegt; dieser Film entstand in den Jahren 1933–1936, also rund 100 Jahre nach dem Beginn der Industriellen Revolution.

Der **Taylorismus**, der unter anderem in diesem Film aufs Korn genommen wird, markiert in gewisser Weise einen Höhepunkt der Entwicklung zur Anpassung des Menschen an die Maschine. F. W. Taylor (1856–1915), ein amerikanischer Ingenieur, gilt als Begründer der sog. „Arbeitswissenschaft". Er formulierte in seinen Schriften erstmals detailliert, wie der Mensch optimal – bis in die Gestaltung einzelner Bewegungen hinein – an die Funktion der Maschinen, die er zu bedienen hat, angepasst werden kann. Zu seiner Ehrenrettung muss dabei gesagt werden, dass dahinter der (durchaus humane) Gedanke stand, die Passung zwischen Mensch und Maschine so zu verbessern, dass sich daraus sowohl eine optimale Produktivität ergab als auch eine für den Menschen optimierte Arbeitsgestaltung. Letzteres wird in der Rezeption Taylors und der Kritik an ihm häufig unterschlagen. Es ist allerdings nicht zu leugnen, dass die Dominanz der Maschine während der gesamten industriellen Entwicklung zu beobachten ist, und das stellt in der Tat eine revolutionäre Veränderung dar gegenüber der Arbeitswelt vor der Industrialisierung.

Der **Zeittakt** ist die zweite bedeutende Veränderung: Während in den agrarischen Lebenszusammenhängen die Zeit eher im Sinne des Rhythmus der Natur eine Rolle spielte, ohne dass dabei höchste Präzision bei der Zeitmessung notwendig gewesen wäre, kommt im industriellen Takt der Minute und sogar der Sekunde eine noch nie dagewesene Bedeutung zu. Der arbeitende Mensch muss sich ab jetzt der Uhr unterordnen, und weite Teile des öffentlichen Lebens beginnen, sich minutengenau abzustimmen – nur so ist ein Fahrplan, der auch funktioniert, möglich, und nur so kann eine punktgenaue serielle Arbeitsgestaltung, wie etwa an einem industriellen Fließband, eingeführt werden.

Mit dem dritten Punkt, der **Anonymisierung der Arbeit**, ist die Tatsache gemeint, dass der einzelne Arbeiter als Individuum immer unbedeutender wird im Prozess der frühen Industrialisierung: Es kommt nicht darauf an, welche individuellen Eigenschaften ein Arbeiter mitbringt, sondern darauf, die vorgegebenen Arbeitsschritte möglichst „genormt", also ohne Ansehen der Person, vorzunehmen. Damit verbunden ist auch eine hohe Austauschbarkeit des Einzelnen – die „arbeitenden Massen", um einen beliebten Terminus eher sozialistischer Prägung zu zitieren, waren buchstäblich gesichtslos.

Für die Organisation der Wirtschaft kommt der Industriellen Revolution ebenfalls eine zentrale Bedeutung zu. Mit den Fabriken entsteht das Management – erstmals wird eine Tätigkeit benötigt, die sich ausschließlich um organisatorische Fragen des Betriebsablaufs (Kapitalbeschaffung, Organisation der Arbeitsabläufe, Vermarktung usw.) kümmert: der „white collar worker" tritt auf den Plan.

Ein entscheidender Punkt für die Bedeutung der menschlichen Arbeitskraft bei der Schaffung von Mehrwert ist die Verlagerung der menschlichen Arbeitskraft auf die Maschine: *Der Mensch hat an Bedeutung gegenüber dem Maschinenpark verloren.*

Zur „Schwester der Arbeitswissenschaft“ ist die **Arbeitsmedizin** ist geworden. Sie richtet ihr Augenmerk über weite Teile der Industrialisierung auf die Faktoren, die im Produktionsprozess so schädlich sein könnten, dass sie die Arbeitskraft des Einzelnen ernsthaft gefährden. Schon von Paracelsus und Agricola im 15. und 16. Jahrhundert ist bekannt, dass sie sich für berufsbedingte Krankheiten von Bergarbeitern interessierten; als Geburtsstunde der modernen Arbeitsmedizin in Deutschland ist allerdings wohl erst die Gründung des Kaiser-Wilhelm-Instituts für Arbeitsphysiologie in Berlin im Jahre 1912 anzusehen.

Entsprechend der Probleme der Industriearbeitsplätze ging es dabei hauptsächlich um toxikologische Fragen und um Fragen der mechanischen Belastung des Körpers. Die frühe Arbeitsmedizin war – wie die Medizin insgesamt zur damaligen Zeit – fast ausschließlich somatisch ausgerichtet. Es ging um die höchstzulässige Belastung eines Menschen mit Schadstoffen, die in bestimmten Produktionsprozessen entstehen, um die Hitzebelastung an Hochöfen und um die orthopädische Belastung bei Schwerstarbeit. Und heutzutage? Eine wichtige Frage im ausgehenden 20. Jahrhundert war, wie ein Bildschirmarbeitsplatz aussehen muss, damit die daran Arbeitenden keine Haltungsschäden erleiden.

Heute, grob 200 Jahre nach Beginn der Industriellen Revolution in England, befinden wir uns erneut inmitten einer Revolution der Arbeitswelt, deren Folgen zwar schon sichtbar werden, aber unseres Erachtens noch deutlich unterschätzt werden.

Die Rede ist von der **„Digitalen Revolution“**. Die gemeinhin als „Hightech“ beschriebene Technologie hat uns den Personal Computer und das Internet beschert sowie die Leistungsfähigkeit vieler technischer Geräte in Produktion und Alltag vervielfacht. Die Erfindung des Internet ist in ihrer Bedeutung sicherlich auf eine Stufe zu stellen mit der Erfindung des Rades oder der Schrift – alle diese Erfindungen machten unglaubliche Entwicklungssprünge in der Produktivität der Menschheit möglich.

Die Digitale Revolution geht einher mit der Tatsache, dass in praktisch allen Branchen der Wirtschaft der Dienstleistungsanteil an der Wertschöpfung kontinuierlich steigt.

Der entscheidende Punkt dabei, wenn man auf die menschliche Arbeitskraft schaut, liegt darin, dass *die Bedeutung des menschlichen Faktors gegenüber der Maschine wieder steigt!* Dienstleistungen passgenau für den Kunden zu entwickeln und zu erbringen erfordert in aller Regel vernetztes Denken und Kreativität für neue Lösungswege alter und neuer Probleme: Das können Maschinen nicht erbringen, trotz aller „künstlichen Intelligenz“ (ein übrigens irreführender Begriff, weil er suggeriert, Computer könnten eines Tages die menschliche Intelligenz komplett ersetzen, was ein Irrtum ist – doch diese Diskussion würde in unserem Kontext zu weit führen).

Wir haben heute (2012) in einigen vor allem technologischen Branchen bereits eine neue Engstelle bei den Ressourcen: Es mangelt an Fachkräften. Dieser Mangel kann als Symptom der epochalen Veränderungen begriffen werden, deren Zeitzeugen wir sind. Es geht zum einen darum, Fachkräfte auszubilden, die ein sehr breites Spektrum von Fähigkeiten aufweisen können: Neben dem Fachwissen im engeren Sinn sind immer öfter die so genannten Soft Skills gefragt – also jene Fähigkeiten, die erforderlich sind, wenn kulturell verschiedenste Menschen zusammenarbeiten müssen. Wir werden weiter unten im Detail ausführen, welche Fähigkeiten das sind.

Bei manchem Großprojekt heutzutage ist nicht mehr das Kapital die knappste Ressource, sondern das Personal. Dies hat enorme Konsequenzen für das Management; es geht neben der Beschaffung dieses Personals vor allem auch darum, wie die guten Leute im Unternehmen zu halten sind. Mitarbeiterbindung und Nachhaltigkeit im Wissensmanagement sind die großen Themen, und von den dadurch bedingten Herausforderungen und Wegen zu deren Bewältigung geht es für die Führungskräfte von heute.

Wir werden diesen Faden nach dem „Blick durch das Weitwinkelobjektiv" der historischen Perspektive im nächsten Kapitel weiterspinnen: Was muss eine Führungskraft heute auf ihre professionelle Agenda setzen, um diesen Herausforderungen gerecht zu werden?

4 Führen in gesunden Unternehmen

Mathias Lohmer

Unsere These ist, dass die Art und Weise, wie Führung verstanden und gelebt wird, von entscheidender Bedeutung dafür ist, ob eine Kultur der Life-Balance in einem Unternehmen gelingt. In diesem Kapitel sollen zunächst wichtige Grundsätze eines modernen Führungsverständnisses, Hintergründe zur Beziehung von Führenden und Geführten und schließlich die Besonderheiten von Gesundheitsmanagement als Führungsaufgabe ausgeführt werden.
In einem modernen Führungsverständnis bewegen sich Führungskräfte in einem Spannungsfeld von *Sach- oder Aufgabenorientierung* und *Beziehungs- oder Personenorientierung.*
Für das Konzept der „gesunden Führung", die hilft, Life-Balance im Unternehmen zu verwirklichen, hilft uns die Vorstellung eines *Dreiecks* zwischen Selbstmanagement der Führungskraft, Aufgabenorientierung der Mitarbeiter und Stärkung des Teamzusammenhaltes – das „Dreieck der gesunden Führung" (Abb. 4-1). Dieses Dreieck muss beständig in Balance gehalten werden, damit Führung gelingt.

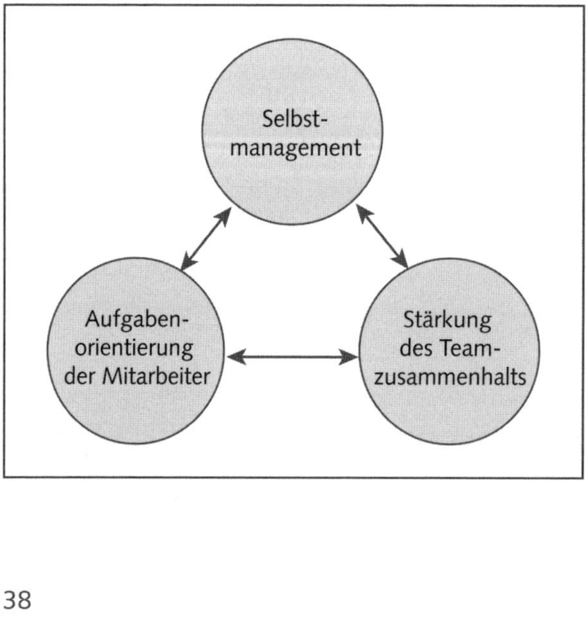

Abb. 4-1 Das „Dreieck der gesunden Führung"

Dem *Selbstmanagement* der Führungskraft werden wir uns in Kapitel 7 näher zuwenden. Hier werden wir uns primär mit der *Aufgabenorientierung*, und mit der *Stärkung des Teamzusammenhaltes* beschäftigen – dieser Aspekt wird in Kapitel 10 nochmals vertieft.

Im Sinne von *Sach- oder Aufgabenorientierung* kann man Führung folgendermaßen definieren: „Führung ist zielbezogene Einflussnahme. Die Geführten sollen dazu bewegt werden, bestimmte Ziele, die sich meist aus den Zielen des Unternehmens ableiten, zu erreichen" (von Rosenstiel 2009, S. 3). Auf dem Pol der *Personenorientierung* befinden sich so wichtige Führungsfunktionen wie „Enabling", also die *Befähigung* von Mitarbeitern, ihre Aufgabe erfüllen zu können, die Förderung der beruflichen, aber auch persönlichen Entwicklung der Mitarbeiter und die positive Beeinflussung von Mitarbeiterzufriedenheit und Teamzusammenhalt.

Wenden wir uns zunächst der *Sachorientierung* von Führung zu, so können wir feststellen, dass Führung Ziele, Aufgaben und Rahmenbedingungen vorgibt, die eine strukturierende und Orientierung vermittelnde Funktion für Mitarbeiter haben. In der Regel wird eine Führungskraft aber nicht selber auf alle Arbeitsvollzüge und Prozesse Einfluss nehmen, sondern dies ihm Rahmen ihrer speziellen *Führungsspanne* tun.

Eine wichtige Funktion von Führung besteht also darin, in geeigneter Weise Teilaspekte der Führungsaufgabe zu delegieren und so – je nach Positionierung in der Führungshierarchie – neben der *operativen* Tätigkeit genügend Zeit und Energie für *strategisches* Denken zu haben.

Um angemessen Aufgaben delegieren zu können, bedarf es einer eindeutigen Festlegung von Aufgaben, Kompetenzen und Verantwortung (AKV's) innerhalb der eigenen Rolle, bei nachgeordneten Führungskräften sowie bei Mitarbeitern ohne Führungsfunktion (Abb. 4-2).

Abb. 4-2 Aufgaben, Kompetenzen, Verantwortung

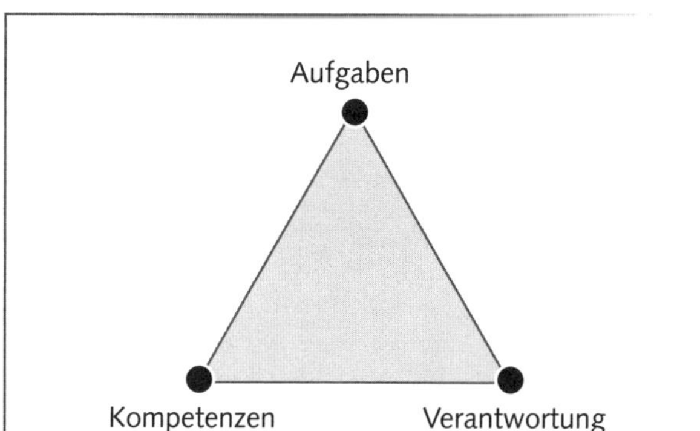

Wenn man sich diese drei Kategorien in einem Dreieck vorstellt, so wird deutlich, dass eine Führungs- aber auch Mitarbeiterrolle nur dann aufgabengerecht sein kann, wenn die drei Bestandteile zueinander passen. Die Führungskraft oder der Mitarbeiter müssen *Kompetenzen* haben, ihre *Aufgabe* auch erfüllen zu können (z.B. über Ressourcen verfügen, Anweisungen erteilen, planen können) sowie für diese Aufgabe oder Teilaufgabe klar *verantwortlich* sein (d.h. die Ergebnisse ihrer Aufgabenerledigung an eine definierte Person berichten und direkter Ansprechpartner für diese Aufgabe sein).

In „gesunden Organisationen" gibt es eine gute Balance zwischen *Vertrauen* in die Selbststeuerungsfähigkeit von Mitarbeitern und Teams und von *Kontrolle* im Sinne des Evaluierens und Sanktionierens von Leistung und Verhalten.

Organisationen tendieren dazu, sich oft einseitig auf einen Pol zu beziehen, d.h. entweder in die Richtung „Laissez-Faire" oder enger Kontrolle.

Beim *Laissez-Faire-Stil* finden wir eine überzogene Betonung der Selbststeuerung, die im Extremfall zu Vernachlässigung und Verwahrlosung und schließlich zu einer Entwicklung von Nischen führen kann, in denen die Beschäftigung von Mitarbeitern mit sich und ihrem jeweiligen Team stärker in den Vordergrund gerät als die Aufgabenorientierung.

Beim *Kontroll-Stil* besteht die Gefahr einer „zwangsneurotischen Kultur", in der Eigeninitiative und Kreativität von nachgeordneten Führungskräften und Mitarbeitern unterschätzt und entmutigt werden und stattdessen eine entmündigende Kontrolle bis ins Detail hinein erfolgt.

Durch die starke Betonung von Beteiligungsprozessen von Mitarbeitern und Selbststeuerung von Systemen in den letzten Jahren ist die Funktion der *Kontrolle* ein wenig in die Ecke der „schwarzen Pädagogik" geraten. Kontrolle ist demgegenüber eine wichtige Management-Funktion, weil sie Aufmerksamkeit und Konsequenz für Planen und Handeln symbolisiert und repräsentiert. Wird ein Team sich selbst überlassen, so wird dies von den Mitarbeitern zunächst als angenehm und befreiend erlebt; bald aber werden Arbeitsabläufe weniger genau, es wird geschlampt, Verabredungen und Termine werden nicht genau eingehalten – „wahrscheinlich guckt wieder kein Schwein" könnte man in Anlehnung an eine berühmte Karikatur von F.K. Waechter sagen (Abb. 4-3), warum sollte man sich dann so anstrengen?

Die oft hervorgehobene „intrinsische" Motivation erfordert einen hohen Reifegrad, der dem Sog einer Gruppe, den Mühen der Aufgabe auszuweichen, häufig nicht gewachsen ist. „Hinschauen und Bewerten" durch Führungskräfte, sei es anerkennend oder kritisch, stellt so einen wichtigen Motivator dar, die eigene Erwartung an sich selbst (das jeweilige „Ich-Ideal" einer Person oder Gruppe) und die eigene Kontrollfähigkeit (das „Über-Ich" einer Person oder Gruppe) aufrecht zu erhalten und immer wieder an den Anforderungen der Realität auszurichten.

Abb. 4-3 Aus: F. K. Waechter: *Wahrscheinlich guckt wieder kein Schwein.* Copyright © 1989 Diogenes Verlag AG Zürich

Unter diesem Blickwinkel wird klar, dass auf Führungskräfte zwangsläufig und unbewusst *eigene* ideale und regulierende Aspekte der Mitarbeiter verlagert (also projiziert) werden – bemerken, registrieren und sanktionieren Führungskräfte in vorhersehbarer und „ausreichend gerechter“ Weise die Aktivitäten ihrer Untergebenen, so stützen und stärken sie diese wichtigen internen Regulationsweisen. Im Spannungsfeld von Selbststeuerung und Kontrolle besteht aber auch die Gefahr für Führungskräfte, sich im „Mikro-Management“ zu verzetteln. Viele Prozesse können in der Tat am besten selbst organisiert durch Teams oder durch nachgeordnete Vorgesetzte ausgeführt werden.

Eine Führungskraft ist auf der *Sachebene* vordringlich als „Entscheider“ für strategische und operative Themen gefragt – nicht als „Kümmerer“ um Prozesse, für die sich gerade kein anderer findet. In dieser Entscheider-Funktion wird die Führungskraft immer dann benötigt, wenn es um Fragen geht, die die Kompetenzen einer nachgeordneten Ebene übersteigen, zusätzliche Informationen aus den relevanten Umwelten des Unternehmens benötigen oder bei denen der Sachverhalt auf der nachgeordneten Ebene kontrovers beurteilt wird.

Entscheidungen bedeuten dabei für Personen oder Gruppen immer Stress: Meist ist damit ein Risiko verbunden, die Auswirkung der Entscheidung kann nicht genau berechnet werden, man kann anschließend kritisiert und zur Verantwortung gezogen werden. Dieser Stress kann im positiven Fall erkannt und psychisch als individuelle oder Gruppen-Leistung „gehalten“ werden: „Wir wissen, dass dies eine schwierige Entscheidung ist, wir betrachten genau alle Einflussfaktoren, lassen uns nicht dazu verführen, uns vorschnell über die Schwierigkeiten hinweg zu täuschen oder panisch zu reagieren.“ Häufig wird die mit diesem Stress verbundene Unlust und Belastung aber durch nicht-funktionale Bewältigungsmechanismen in Schach gehalten. Dementsprechend ist eine vorschnelle „Flucht in die Handlung“, also ein zu rasches Entscheiden „aus dem Bauch heraus“ genauso schädlich wie ein Verschleppen und Verzögern von Entscheidungen im Sinne einer Konservierung der in der Natur der Entscheidung liegenden Ambivalenz. Jeder kennt Beispiele, in der eine Entscheidung durch Gegenargumente immer wieder umgeworfen und aufgeschoben wird. Hier brauchen Führungskräfte in der Tat die Fähigkeit, auch bei begrenzten Informationen und im vollen Bewusstsein des Risikos, angemessen schnell zu entscheiden, auch auf die Gefahr hin, einen Fehler zu machen.

Wenn wir nun den Bereich der *Sachorientierung* verlassen und uns dem Bereich der *Personenorientierung* zuwenden, so kommen wir in den wichtigen Bereich, Mitarbeiter auszuwählen, zu binden und zu halten.

Dies bedeutet, die richtigen Mitarbeiter für die richtigen Aufgaben zu finden, dabei z.B. in einer Probezeit die Leistung auch kritisch zu evaluieren, gute Mitarbeiter an die Organisation, das Team und die Führungskraft zu binden und, in Zeiten verschärfter Konkurrenz um gute Fachleute, Mitarbeiter auch zu halten. Dies ist nur dann möglich, wenn z.B. durch regelmäßige Mitarbeitergespräche ein enger Austausch über Entwicklungswünsche und Anforderungen, gegenseitige Kritik und Erwartungen fest institutionalisiert ist.

Weiterhin ist es ein wichtiger Bestandteil der *Personenorientierung* einer Führungskraft, Mitarbeiter für ihre jeweiligen Aufgaben zu motivieren, wo möglich zu begeistern und „das Beste aus ihnen herauszuholen“. Dies heißt, dass es nicht das Ziel sein kann, Mitarbeiter in ihrer „Komfort-Zone“ zu belassen, sondern ihren Ehrgeiz und ihre Lust, etwas zu bewirken und zu gestalten, zu wecken und diesen emotional-kognitiven Zuständen („mental states“) Raum zu geben. Dies kann heißen, im Arbeitsprozess auch immer wieder Zustände des „Flows“, des glückhaften Aufgehens in intensiven Arbeitszusammenhängen, zu ermöglichen.

So gesehen ist die zentrale „Leadership“-Funktion von Führung, *Visionen* zu generieren, genau auf dem Schnittpunkt von Sach- und Personenorientierung angesiedelt. Die Vision dient einerseits der strategischen Ausrichtung eines Unternehmens, hat aber andererseits die Funktion, die Mitarbeiter dafür zu gewinnen, sich an dieser Vision zu beteiligen und diese Vision handlungsleitend für sie werden zu lassen.

In diesem Sinne wird eine Führungskraft immer wieder überprüfen, ob die vorhandenen *Strukturen* der Aufgabe gerecht werden und das Potenzial der Mitarbeiter in geeigneter Weise zur Anwendung bringen lassen.
Auch *Personalentwicklung* kann hier als eigenständige Aufgabe verstanden werden: Frühzeitig besonders begabte Kräfte zu entdecken und zu fördern, Nachwuchs zu generieren und immer wieder auf die Passung von Aufgabe und Person zu achten.
Schließlich hängt es in hohem Maße vom persönlichen *Führungsstil* der Führungskraft ab, wie das Zusammengehörigkeitsgefühl, die Gefolgschaft und die Identifikation mit der Organisation gestaltet werden kann. Die Führungskraft ist hier *als Person* Repräsentant des Unternehmens, der Abteilung oder des Teams.
An dieser Stelle können wir inne halten, um uns mit den Prozessen „hinter" der rationalen Beziehung von Führung, Mitarbeiter und Aufgabe zu befassen. Führung ist auf der emotionalen und unbewussten Ebene nicht nur ein strukturierendes und ordnendes Element – Führung ist hier zuerst Ausdruck einer *Beziehung*, sie muss immer zusammen mit „Gefolgschaft" gedacht werden. Mitarbeiter werden durch die *Person* und das Verhalten der Führungskraft in besonderer Weise angespornt oder entmutigt, sich für das Unternehmen und ihre Aufgabe einzusetzen.
Wie können wir uns das erklären? Im „erwachsenen" Segment der Person dominieren Aufgabenorientierung, politisches Zweck-Denken, rationale Kosten-Nutzen-Abwägungen, aber durchaus auch bewusst erlebte Konflikte wie zwischen Loyalität gegenüber Führung/Unternehmen und direktem eigenem Interesse. Daneben gibt es bei Mitarbeitern aber immer auch ein „kindliches" Segment, häufig im vor- oder unbewussten Bereich der Person. Hier geht es um ursprünglich kindliche, aber lebenslang wirksame Wünsche nach Anerkennung und „gesehen werden", die über das normale Maß eines „reifen" Bedürfnisses nach Anerkennung hinausgehen.
Zusätzlich werden durch die „Gruppenstimmung" in Organisationen, bei der Befürchtungen, Gerüchte, Konkurrenz und Neid ständig mobilisiert und wach gehalten werden, durch Belastungen bei schwierigen Entscheidungen, aber auch das Gefühl, selber nicht den Überblick zu haben und externen Entwicklungen ausgeliefert zu sein, ständig ursprünglich „kindliche" Ängste und entsprechende Wünsche nach Orientierung, Beruhigung und Auszeichnung mobilisiert. Führungskräfte werden so automatisch zu „Erben" elterlicher Erfahrungen, im Guten wie im Schlechten. Von ihnen wird mehr erwartet, als sie erfüllen können, aber häufig auch mehr befürchtet, als sie anrichten können.

Eine kleine, fachlich hoch qualifizierte Gruppe von Technikern, IT-Experten und Finanzfachleuten wurde von ihrer deutschen Firma „Terrafinanz" in die Vereinigten Emirate entsandt, um dort die Tochterniederlassung eines wichtigen Kunden direkt mit Leasing und Beratung zu betreuen. Durch ständig wechselnde Kundenwünsche – die ihrerseits ihre Unsicherheit auf die Beratungsfirma „Terrafinanz" abluden – sowie unklare Regeln im Verhandeln und Entscheiden im arabischen kulturellen Umfeld wurde die Gruppe der Mitarbeiter immer verzagter und abhängiger. Der Geschäftsführer vor Ort konzentrierte sich immer mehr auf Sachfragen, dafür stiegen die Anfragen an die deutsche Zentrale nach Orientierung und Entscheidung. Schließlich musste Herr Z., einer der deutschen Geschäftsführer, entsandt werden, um schlechte Moral und Absinken der Leistung „zu richten". Durch seine ruhige, aber auch entschlossene Präsenz, seine Entscheidungsbereitschaft und sein Wertschätzung der Arbeit, die vor Ort geleistet wurde, konnte er die Gruppenstimmung wieder verändern und Zuversicht und Motivation bewirken. Er war Modell, aber auch „Elternteil", von dem man sich endlich gesehen und gehört fühlte und der durch seine persönliche Präsenz und Energie die Wünsche aus dem „kindlichen" Segment in angemessener Weise befriedigte und gleichzeitig die „erwachsenen" Segmente des Teams aktivierte. Dies geschah z.B. durch seine Erwartung, sich mit den Kundenwünschen und kulturellen Gegebenheiten vor Ort aktiv bewältigend und nicht passiv-klagend auseinander zu setzen. Er wurde aber auch exemplarisch selber tätig, verhandelte mit dem Kunden und der arabischen Regierung, entwickelte mit dem Team eine Strategie, ließ sie an seinen Überlegungen teilhaben, forderte auf, eigene Erfahrungen beizusteuern. Er wurde so zu einem Modell, aktiv mit Unsicherheit umzugehen und graduell Sicherheit zu gewinnen.

Die Mitglieder der Gruppe konnten sich mit ihm identifizieren, seine Haltung innerlich übernehmen und so an eigener Kraft gewinnen. Der Geschäftsführer vor Ort wurde durch einen Manager ersetzt, der nicht mehr ein ausgewiesener Fachexperte war, aber über die Fähigkeit verfügte, in einem komplexen und kulturell fremden Umfeld mit multiplen Stake-Holdern umsichtig zu führen, sodass der deutsche Geschäftsführer Herr Z. nach 6 Monaten seinen Einsatz wieder beenden konnte.

Die hier beschriebene emotionale „Teilhabe" an Haltung, Nimbus, Erfolg, Macht und Vision einer Führungskraft ist eine wichtige Kraft- und Motivationsquelle für Mitarbeiter. Sie können auf diese Weise stolz auf ihr Unternehmen sein und sich als wichtiger Teil eines übergreifenden „Ganzen" erleben. Gerade in Zeiten, in denen die Bindungskräfte an Unternehmen eher nachlassen, ist diese „mentale Bindung" an Führungskräfte als Vorbilder essentiell!
Das Fallbeispiel zeigt uns auch einen weiteren wichtigen emotionalen und personenbezogenen Aspekt von Führung. Der Führende repräsentiert nicht nur, wie oben beschrieben, die Aufgabe und die Vision des Unternehmens, er ist nicht nur Vorbild und positive oder bedrohliche Elternfigur einer Abteilung oder eines

Teams. Er dient gleichzeitig als haltgebende Instanz in Zeiten, in denen Stress, Ängste, Unsicherheit und emotionaler Aufruhr dominieren. Im psychodynamischen Fachterminus zu Führung bezeichnen wir dies als die „Containment-Funktion“ von Führung. Dies bedeutet, dass die Führungskraft symbolisch als Aufbewahrungsort, als „Behältnis“, eben als (englisch) „Container“ von schwierigen seelischen Zuständen von Einzelnen und Gruppen benötigt wird (vgl. Lohmer 2004).

Dieses Konzept, ursprünglich vom englischen Psychoanalytiker Winfred Bion (1962/2000) entwickelt, beschreibt zunächst die Natur einer förderlichen Beziehung, die ursprünglich auf die Mutter-Kind-Beziehung zurückgeht, und in der die noch unreife Psyche des Kleinkindes durch die beruhigende, verstehende und die Verständnis ausdrückende Haltung der Mutter („Was tut dir gerade weh? Hast du Hunger? Bist du nass? Aha, du liegst unbequem!“) in ihrer Fähigkeit, selber zu denken und das Erlebte innerlich zu modifizieren, unterstützt wird.

In ähnlicher Weise wie die Eltern-Kind-Beziehung oder die Arzt-Patient-/Therapeut-Patient-Beziehung erfüllt auch die Beziehung „Führungskraft-Mitarbeiter“ im positiven Fall bewusst oder unbewusst eine solche Containment-Funktion. Im Normalfall tritt diese Funktion häufig in den Hintergrund, in Zeiten von Krisen, Anspannungen, Stress oder existenziellen Gefährdungen von Einzelnen, Gruppen oder dem ganzen Unternehmen tritt sie dagegen in den Vordergrund.

Eine gute Führungskraft, die durch ihr Handeln ein „gesundes Unternehmen“ prägt, erkennt Stressoren, Belastungen in der Organisation, „Schwerverdauliches“, und geht in geeigneter Weise auf diese Prozesse ein.

Dies kann auf der *mentalen Ebene* z.B. darin bestehen, dass Einzelne und Teams immer wieder die Möglichkeit haben, aus ihrem Alltag und direkten Arbeiten herauszutreten und sich über ihre Arbeit und mögliche Spannungen auszutauschen. Dies können kurze Sequenzen im Anschluss an Teamsitzungen sein, sog. Intervisionen, in denen über die momentane Stimmung und den Umgang miteinander geredet wird; auch Klausuren, Retreats und Workshops zur Teamentwicklung dienen diesem Zweck. Schließlich ist Coaching für einzelne Mitarbeiter, Teams oder Leitungskreise eine wichtige Unterstützung zum „Containment“.

Auf der *strukturellen Ebene* zeigt sich die Haltung des „Containments“ daran, dass die Führungskraft für die Entwicklung und Veränderung haltgebender und orientierender Strukturen, Arbeitsabläufe und Personalverteilung sorgt bzw. durch die Realität begründete Begrenzungen dieser Möglichkeiten nachvollziehbar vermittelt.

In diesem Verständnis der Ausübung einer *Containment-Funktion* hat jede Führungskraft eine „Filter-Funktion“ und ist mit dieser Filter-Funktion auf der Grenze der Organisation bzw. der entsprechenden Organisationseinheit angesiedelt (Abb. 4-4).

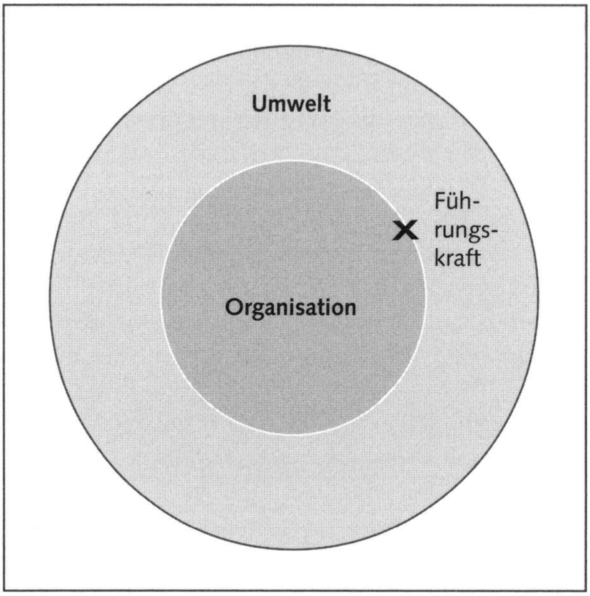

Abb. 4-4 Die Führungskraft an der Grenze der Organisation

Die Führungskraft filtert Informationen, Anforderungen und Druck aus der Umwelt in geeigneter Weise, sodass Mitarbeiter zwar ein Gefühl für die umgebende Realität bekommen, aber von schwer handhabbaren Belastungen so weit freigehalten werden, dass sie sich auf ihre Aufgabe konzentrieren können. Umgekehrt entsteht auch eine Filter-Funktion nach außen, d.h. der jeweilige Vorgesetzte wird den Teil der Dynamik seines Teams nach außen in die nächsthöheren Ebenen vermitteln, der wichtig ist, um z.B. notwendige Ressourcen zu bekommen, Fehlermeldungen weiterzugeben oder Entwicklungsbedarf anzumelden. Er wird aber nicht jede Schwankung, Unzufriedenheit oder Forderung seiner Mitarbeiter ungefiltert nach oben weiterleiten.

Im Rahmen dieser Containment oder Filter-Funktion wird jede Führungskraft auch zum „*Angstträger*" ihrer Organisationseinheit. Sie sollte als erster Gefährdungen spüren, die aus der Natur der Aufgabe, den sich verändernden Umweltbedingungen und -anforderungen oder den internen Veränderungsstürmen des Unternehmens entstehen. Mit ihrer bewusst wahrgenommenen Containment-Funktion braucht sie selbst einen psychischen Raum, um sich ohne Panik einerseits oder rigider Verleugnung der Gefährdungen andererseits diesen Ängsten zu stellen, über sie nachzudenken und in geeignete Weisen damit umzugehen. In dieser Haltung nutzt der Führende seine eigene emotionale Reaktionen, um in wiederkehrenden Reflexionsschleifen darüber nachzusinnen, was durch Belastungsfaktoren bei ihm selbst bewirkt wird, um behutsam eigene Stressmuster von einer angemessenen Wahrnehmung und Reaktion auf Risiken und Gefährdungen differenzieren zu können.

Kann die Führungskraft zumindest zeitweise eine solche souveräne Haltung leben, so wird sie zu einer *Identifikationsfigur* sowohl für *außen* wie für *innen*. In der Wahrnehmung von *außen* wird sie mit dem Unternehmen, der Organisation, der Abteilung oder dem Team identifiziert und als wichtiger Repräsentant wahrgenommen (vgl. z.B. Steve Jobs bei Apple).

In der Wahrnehmung von *innen* vermittelt sie Identifikation mit dem Unternehmen, Stolz auf sich selbst und das Unternehmen, Energie, Aufgaben anzupacken und sich zuzutrauen, Motivation und das Gefühl von Selbstwirksamkeit.

Was können wir aus diesen Ausführungen für das Thema „Führen in gesunden Unternehmen" lernen? Führung in diesem Sinne ist eine anspruchsvolle Aufgabe, die viel Reflexion und Unterstützung bedarf, nicht „nebenher" geschehen kann, wenn die „eigentliche Arbeit", die auf die Sachaufgaben gerichtete Arbeit, erledigt ist. Sie bedarf Zeit und einen mentalen Raum in der Führungskraft, um sie entfalten zu können.

Dem Druck zur Vereinfachung entgegenwirkend, müssen Führungskräfte komplexe Zusammenhänge in ihrem Zusammenwirken berücksichtigen. Welche Einflussfaktoren, welche Stakeholder wirken auf meine Aufgabe ein? Wie wird der Markt in fünf Jahren aussehen? Wie kann ich im Zeitstrahl strategisch voraus denken und gleichzeitig eine Kontrollfunktion für den operativen Bereich haben?

In vielen Bereichen wird zudem gutes Personal (Ärzte in Kliniken, Ingenieure in Industriebetrieben) knapp, wählerisch und mobil. Gut motiviertes, sich mit der Aufgabe identifizierendes und im Teamzusammenhang gehaltenes und eingebundenes Personal wird zunehmend *die* kritische Erfolgsressource im Unternehmen werden.

Von daher stellt sich die Frage, wie „gesunde Führung" aussehen kann, um den Mitarbeitern eine gesunde Balance zwischen Forderung, Weckung von Ehrgeiz und Leistungsbereitschaft einerseits und nachhaltiger Berücksichtigung der persönlichen und Gruppenressourcen andererseits zu ermöglichen.

Eine Haltung der Life-Balance als Richtschnur des Führungshandelns kann einem dabei helfen, die oben beschriebene optimale Aufgabenerfüllung bei einem gleichzeitig hohen Teamzusammenhalt *und* einem prinzipiellen Wohlbefinden der Führungskraft selbst zu erreichen.

Kommen wir hier nochmals auf unser „Dreieck des gesunden Führens" (siehe Abb. 4-1, S. 38) zurück. *Ein guter Teamzusammenhalt* zeichnet sich durch hohes Engagement, Bindung an das Unternehmen und geringen Krankenstand aus. Eine optimale *Aufgabenerfüllung* zeichnet sich durch ein hohes Maß an Verantwortungsgefühl, Gründlichkeit und Zeittreue aus. Das *Wohlbefinden der Führungskraft* wiederum entsteht dann, wenn sie den beiden Organisationszielen

(Aufgabenerfüllung und Teamzusammenhalt) in einer angemessenen und sich selbst in ihrer Kreativität stimulierenden Weise gerecht werden kann.
Hinsichtlich des Sachaspekts, der Aufgabenerledigung, erfüllt die Führungskraft ihre *Sachorientierung*, bringt sie aber in Balance zur *Fürsorgepflicht* für die Mitarbeiter. In der Sprache des Gesundheitsmanagements handelt es sich hier um eine *Verhältnisprophylaxe*, in der für Arbeitsbedingungen Sorge getragen wird, die eine Balance zwischen guter Aufgabenerfüllung und Mitarbeiterzufriedenheit durch das Einstehen für gesunde Arbeitsbedingungen ermöglicht. Diese Balance ist auf Dauer aber nur dann möglich, wenn die Führungskraft das Dreieck dadurch aufrecht erhält, dass sie in einer Haltung der *Selbstfürsorge* eine *Verhaltensprophylaxe* betreibt. Nur wenn die Führungskraft selber nicht kontinuierlich über ihre eigenen Grenzen geht und das Prinzip der Life-Balance selbst vorlebt, kann sie glaubhaft für diese Haltung einstehen (mehr dazu siehe Kapitel 7).

5 Vom Kontorvorsteher zum Teamkoordinator: Was muss eine Führungskraft heute können?

Bernd Sprenger

Heute werden eine Vielzahl von Fähigkeiten gebraucht, die nicht unmittelbar mit einem bestimmten Fachgebiet oder einem spezifischen Berufsabschluss zu tun haben, sondern mit allgemeinen mentalen und psychischen Fähigkeiten. Die berufsbedingte Zunahme psychischer Störungen, die häufig mit langen Ausfallzeiten einhergehen, weisen deutlich auf die Relevanz dieser Fähigkeiten im Alltag hin. Das hat enorme Konsequenzen für den Umgang der Führungskräfte mit sich selbst und den eigenen Ressourcen und für die Art des Umgangs mit den menschlichen Ressourcen. Es ist offensichtlich, dass wir in eine Phase des Wirtschaftens in den entwickelten Industrieländern eingetreten sind, die es notwendig macht, gesundes Führen zum Thema auf der obersten Entscheidungsebene zu machen.
Nachhaltigkeit bei der „Bewirtschaftung der menschlichen Ressource" wird nur erzielt werden können, wenn die Führungskräfte im Unternehmen den Anforderungen, die im Folgenden beschrieben werden, gewachsen sind. Diejenigen unter den Topentscheidern sind im Vorteil, die verstanden haben, dass in Zukunft häufig gute Fachkräfte die kritischste – weil knappste – Ressource sind. Die systematische und nachhaltige Bewirtschaftung dieser Ressource wird in Zukunft über Wohl oder Wehe eines Unternehmens entscheiden. Hier merkt man schon, dass die Begriffe nicht mehr ganz stimmen: es geht nämlich nicht um die „Bewirtschaftung einer Ressource" – auch wenn diese Begrifflichkeit betriebswirtschaftlich korrekt ist – sondern um den Umgang mit Menschen; und zwar mit gut ausgebildeten Arbeitskräften mit einem hohen Anspruch an sich selbst und an das Unternehmen, in dem sie arbeiten.
„Im Schweiße Deines Angesichts sollst Du Dein Brot essen." Der Satz aus dem Schöpfungsmythos der Bibel (1. Mose 3), den Gott zu Adam sagt, als er das menschliche Urpaar nach dem Sündenfall aus dem Paradies vertreibt, hat sicherlich nach wie vor universale Gültigkeit. Arbeit ist mit Anstrengung verbunden, unabhängig davon, ob wir einen Acker umgraben oder einen Computer bedienen. Der Unterschied liegt in der Art der Belastung, und um die soll es jetzt gehen.

In den langen Jahrhunderten, in denen die agrarische Wirtschaftsweise dominierte, ergab sich die Belastung aus der körperlichen Schwerarbeit, die auf dem Land zu verrichten war. Alle Arbeiten, die heute maschinell erledigt werden können, mussten von Hand gemacht werden. Gleichzeitig war die Ernährungslage nicht selten prekär: Mangelernährung war der Normalfall und eine Missernte bedeutete unweigerlich Hunger. Die medizinischen Kenntnisse und die medizinische Versorgung waren, gemessen an heutigen Maßstäben, sehr dürftig. Großen Seuchen war man in der Ära vor den modernen antibiotischen Medikamenten praktisch wehrlos ausgeliefert: Der großen europäischen Pestpandemie im 14. Jahrhundert z.B. fiel ein Drittel der gesamten Bevölkerung zum Opfer.

Diese Lebensverhältnisse spiegeln sich unter anderem in der mittleren Lebenserwartung: Noch zur Zeit der deutschen Reichsgründung 1871 lag sie im statistischen Mittel bei 37 Jahren! Die Anforderungen an die Gestaltung der Arbeitsumwelt in der agrarischen Zeit bezogen sich auf sehr basale Dinge: hygienische Belange (z.B. keimarmes und sauberes Wasser) und Vermeidung von allzu unfallträchtigen Arbeitsweisen – Anforderungen, wie wir sie heute noch in denjenigen Entwicklungsländern sehen, die am Anfang der industriellen Entwicklung stehen.

Im ersten Jahrzehnt des zwanzigsten Jahrhunderts lag die Lebenserwartung schon höher: für Männer bei 44,8 und für Frauen bei 48,3 Jahren (Vasold 2010). Im Jahr 2004 betrug die mittlere Lebenserwartung 82,0 Jahre für Frauen und 76,0 Jahre für Männer (Gesundheitsberichterstattung des Bundes online).

Wenn man die mittlere Lebenserwartung als Kennzahl benutzt, ist der Trend eindeutig: Die technische Entwicklung hat uns insgesamt eine deutlich höhere Lebens*dauer* beschert. Ob diese auch zwangsläufig in allen Bereichen mit einer höheren Lebens*qualität* einhergeht, kann man zumindest diskutieren.

Während der Industriellen Revolution im 19. Jahrhundert bestand eine der Hauptanforderungen an die Gestaltung der Arbeitswelt darin, die arbeitende Bevölkerung an den Zeittakt der Maschine zu gewöhnen. Die Disziplinierung der Arbeiterschaft war ein immer wieder auftauchendes Thema in jener Zeit. Die „soziale Frage" gewann an Relevanz: Große Teile der Arbeiterschaft in der Zeit der frühen Industrialisierung waren verelendet und schufteten sich buchstäblich zu Tode. Diese Umstände führten denn auch zur Gründung von Arbeitervereinen, aus denen später sozialdemokratische bzw. sozialistische Parteien wurden und hier sind die Wurzeln der Gewerkschaftsbewegung zu finden und auch die der Sozialgesetzgebung Bismarcks. Bei allen diesen Bestrebungen ging es darum, die gröbsten Härten der industriellen Arbeitsweise abzufedern (bzw. im Falle der Bismarckschen Sozialgesetze darum, zu verhindern, dass die Massen der Arbeiter sich gegen die Obrigkeit stellen).

Die betrieblichen Organisationsformen waren streng hierarchisch: An der Spitze die Eigentümer (nicht selten berühmte Gründerpatriarchen), dann die Riege des

Managements, darunter die Arbeiterschaft. Die geistige Arbeit wurde an der Spitze der Pyramide erledigt: Produktentwicklung, Organisation der Produktion und des Vertriebs, Finanzmanagement und Werbung. Die Basis der Pyramide, die Arbeiterschaft, verrichtete die körperliche Arbeit. Beide Sphären waren relativ klar getrennt und stellten im Grunde zwei verschiedene Welten innerhalb eines Unternehmens dar. Diese Organisationsformen funktionierten deshalb gut, weil die Produktzyklen eher langlebig waren und die Massenproduktionsweise eine große Zahl von gleichen Produkten auf den Markt warf, der diese Produkte auch aufnahm. Henry Ford antwortete 1909 auf die Frage, ob man sein „Model T" in verschiedenen Farben beziehen könnte: „Any customer can have a car painted any colour that he wants so long as it is black" (jeder Kunde kann ein Auto in jeder Farbe haben, die er wünscht, so lange diese schwarz ist; übersetzt vom Autor), und die Kundschaft war es offensichtlich zufrieden.

Gesundheit im Unternehmen war kein prioritäres Thema für das Topmanagement, sondern höchstens am Rand von Bedeutung; vor allem nach dem zweiten Weltkrieg gab es ein zunehmend besseres staatliches Gesundheitswesen, das aufgrund der Versicherungspflicht jedem zugänglich war – Krankheit und die Wiederherstellung von Gesundheit waren kein Thema bzw. keine Aufgabe der Wirtschaftsunternehmen. Innerhalb der Unternehmen wurde es an die Arbeitsmedizin delegiert. Als diese dann in ihrer modernen Form etabliert war, beschäftigte sie sich im Grunde hauptsächlich mit der Vermeidung der gröbsten Schäden – ein echtes, eigenständiges Managementthema war sie in dieser Phase der Industrialisierung eher selten.

Im Laufe des zwanzigsten Jahrhunderts verbesserten sich die Arbeits- und Lebensbedingungen drastisch; die Arbeiter, auf deren Belange in der frühen Industrialisierung keine Rücksicht genommen worden war, erhielten kontinuierlich mehr Rechte und Einflussmöglichkeiten, bis hin zur gesetzlich geregelten betrieblichen Mitbestimmung in Deutschland und den meisten europäischen Ländern. Einer der Vorreiter dieser Entwicklung war übrigens der schon erwähnte Henry Ford, der schon sehr früh begann, seine Arbeiter überdurchschnittlich gut zu bezahlen – zum einen, weil ihm klar war, dass er auf diese Weise dafür sorgen konnte, dass die guten Leute zu ihm kamen und nicht zur Konkurrenz – aber auch, weil er wollte, dass die Arbeiter sich die Produkte, die sie herstellten, auch selbst leisten konnten: Nur so könne eine Wirtschaft auf Dauer florieren, davon war er schon damals überzeugt.

In der streng hierarchischen Pyramide der Organisation gab es im Wesentlichen nur eine Richtung, in der Anweisungen und Veränderungen im Betriebsablauf festgelegt und kommuniziert wurden: top-down.

Mit der Zunahme der Rechte von Arbeitern und Angestellten eines Unternehmens gibt es auch zunehmend die andere Richtung: bottom-up; z.B. gibt es heute weit verbreitet ein betriebliches Vorschlagswesen, bei dem Vorschläge der Arbeiter und Angestellten zur Verbesserung einzelner Produktionsschritte oder andere Innovationen systematisch umgesetzt und dann auch finanziell honoriert werden. Bezogen auf gesundheitliche Fragen gab es sehr deutliche Verbesserungen gegenüber den Zeiten zu Beginn der Industrialisierung: Arbeitsschutzgesetze für den Bereich innerhalb der Unternehmen und eine gute Gesundheitsversorgung für die gesamte Bevölkerung griffen ineinander.

Mit der digitalen Revolution ging eine Umwälzung vieler Arbeitsplätze einher – heute, am Beginn des 21. Jahrhunderts, gibt es praktisch keine Tätigkeit mehr, die ohne den Einsatz von Informationstechnologie auskommt. Aus dem Autoschlosser wurde der Mechatroniker, für den die Bedienung des Diagnose-PCs für ein Auto genauso wichtig wurde wie die Handhabung eines Schraubenschlüssels. Die Anforderungsprofile an das Können der Arbeitnehmer ganzer Bereiche, die früher differenzierte handwerkliche Fähigkeiten erforderten, haben sich durch die Digitalisierung vollständig verändert, z.B. im Bereich des Druckerhandwerks. Wer heute keine Basiskenntnisse im Umgang mit PC und IT-gestützter Technologie hat, kann in praktisch keinem Beruf mehr arbeiten, ob dieser eine akademische Ausbildung erfordert oder nicht. Welche grundlegenden Auswirkungen dies auf die Art und Weise hat, wie wir heute lernen, wie wir kommunizieren und letztlich wie wir denken, wird sicherlich erst später in der geschichtlichen Entwicklung zu bewerten sein. Dass diese Entwicklung massive Auswirkungen auf den menschlichen Geist und das menschliche Miteinander haben wird, ist sicherlich heute schon deutlich. Bisher brachte jede qualitativ entscheidende Entwicklung der menschlichen Werkzeuge, insbesondere der kommunikativen Werkzeuge, solche Veränderungen mit sich.

Wir sprechen bei der Bedeutung der Informationstechnologie vor allem über die Schnittstelle Mensch-Maschine. Durch die erhöhten Anforderungen und die Zunahme der Komplexität in praktisch allen wirtschaftlichen Bereichen geht es aber mehr denn je um die Schnittstelle Mensch-Mensch. An dieser Schnittstelle sind in zunehmendem Maße die Soft Skills gefragt, also Fähigkeiten jenseits des jeweiligen Fachwissens und Könnens. Auf diese wird nachfolgend näher eingegangen.

Kommunikationsfähigkeit

Innerhalb der Organisation eines Unternehmens hat die Kommunikationsfähigkeit eine entscheidende Bedeutung erlangt, und das ist nicht so trivial, wie es im ersten Moment den Anschein hat. Angesichts immer komplexer und komplizierter werdender Abläufe ist das Missverständnis durchaus die Regel geworden, nicht die Ausnahme – und das hat die gravierendsten Folgen immer dann, wenn die Beteiligten es nicht einmal wahrnehmen.

So wird beispielsweise das eherne kommunikative Grundgesetz, dass das Verständnis des Empfängers einer Botschaft entscheidend ist, häufig ignoriert – man hört dann Sätze wie: „Ich habe das doch Herrn xy von der Abteilung z ausdrücklich gesagt, dass der Vorgang soundso bearbeitet werden muss, ich verstehe gar nicht, warum der das schon wieder falsch macht!?" Bei genauerer Betrachtung stellt sich heraus, dass Herr xy durchaus etwas ganz anderes verstanden hat als der Absender der Botschaft meinte – und das bei bestem Bemühen beider.

Ein Großteil des „Sandes im Getriebe" moderner Unternehmensabläufe ist diesen kommunikativen Problemen geschuldet. Dabei gibt es zum Einen das Problem, dass es gar nicht so einfach ist, einem Nicht-Spezialisten in einem bestimmten Bereich das Fachwissen des Spezialisten verständlich zu machen; das kennt jeder Fachmann, der die Erfahrung gemacht hat, dass es erheblich leichter ist, einen Vortrag vor Fachkollegen zu halten als vor einem Laienpublikum. Hinzu kommt die Tatsache, dass wir es in praktisch allen größeren Unternehmen heute mit einer enormen Vielfalt von Mitarbeitern und deren sprachlichen bzw. kulturellen Hintergründen zu tun haben. Jede Kultur hat dabei ihre – impliziten und damit unbewussten! – Regeln darüber, was wie kommuniziert wird; das fängt schon innerhalb Deutschlands an, wo z.B. eine gut gemeinte Freundlichkeit eines Berliners für einen Badener eine grobe Unhöflichkeit darstellen kann oder ein Rheinländer Umgangsformen für selbstverständlich hält, die einem Friesen enorm aufdringlich vorkommen. Diese impliziten Regeln differieren bei Männern und Frauen sowie bei verschiedenen Sprachen und Kulturen teilweise erheblich, und wenn man genau diese Verschiedenheit nicht sorgfältig reflektiert und ins Kalkül einbezieht, ist man fast automatisch zum Missverständnis verdammt.

Als Beispiel eines solchen Missverständnisses möchte ich eine Episode aus meiner eigenen Führungserfahrung berichten.

> Mitte der 90er Jahre des letzten Jahrhunderts bat mich das Gesundheitsunternehmen, für das ich damals als Chefarzt tätig war, als Mitglied einer kleinen Delegation nach Portugal zu reisen; ein portugiesischer Partner dieses Unternehmens plante, unsere Firma zu beauftragen, dort eine Psychosomatische Klinik zu konzipieren – eine Klinikform, die es in dieser Form zum damaligen Zeitpunkt dort nicht gab, während wir bereits einige Erfahrung auf diesem Gebiet besaßen.
>
> Wir fanden passendes Fachpersonal und eine traumhafte Immobilie – ein verlassenes Hotel, 27 km nördlich von Lissabon, direkt am Steilufer des Atlantik gelegen, mit kleinem Trampelpfad durch die Felsen hinunter zu einem kleinen privaten Sandstrand. Man musste das Hotel renovieren und geringfügig umbauen, und wir waren begeistert über diese Möglichkeit – nah an der Haupt-

stadt und doch draußen in der Natur. Es wurden die notwendigen Schritte zum Kauf des Objekts eingeleitet.

Bei einer Besprechung mit den portugiesischen Auftraggebern, bei der wir unsere Pläne begeistert vorstellten, entstand eine peinliche Pause, bis einer unserer Gastgeber sagte: „Das ist alles wunderbar, aber da würde niemand hingehen. Wenn das Objekt mitten in Lissabon wäre, das wäre etwas anderes ..."

Was war passiert? Keinem von uns Deutschen war es in den Sinn gekommen, dass eine Lage für diese Art von Klinik, wie sie in Deutschland von jedermann als „ideal" empfunden worden wäre, in Portugal als „nicht möglich" galt. Und wir reden bei diesem Beispiel von einem Projekt innerhalb Europas – viele Manager, die in Asien oder Afrika unterwegs sind, kennen dieses Problem in der einen oder anderen Form, und fast jeder kann ähnliche Anekdoten berichten.
Heute haben wir das Kommunikationsproblem nicht nur zwischen den verschiedenen Ländern, die an globalen Projekten arbeiten, sondern gar nicht selten im eigenen Land und innerhalb des eigenen Unternehmens – aufgrund der Vielfalt der Kulturen und Lebensstile gehören die Mitarbeiterinnen und Mitarbeiter oft schon innerhalb der eigenen Firma oder Abteilung sehr unterschiedlichen Subkulturen an. Diejenigen, die diese Verschiedenheit nutzen können, haben dadurch einen enormen Gewinn, weil die Vielfalt im Unternehmen natürlich die Zahl der Optionen und Ideen, die möglich sind, erhöht. „Diversity Management" ist, das leuchtet unmittelbar ein, zentral eine Frage der Kommunikationsfähigkeit.
Dafür zu sorgen, dass die Kommunikation klar und eindeutig verläuft, ist heutzutage eine wichtige Führungsaufgabe, deren Bedeutung noch nicht überall erkannt wird. Es gibt eine Reihe von Werkzeugen, die sicherstellen können, dass dies geschieht. Im Kapitel 9 des Anwendungsteils wird dieser Punkt konkretisiert.

Emotionale Intelligenz

Unter emotionaler Intelligenz verstehen wir die Fähigkeit, sowohl die eigenen emotionalen Zustände und deren Bedeutung für eine Kommunikation oder eine Handlung wahrzunehmen und zu verstehen als auch die Emotionen anderer.

Die emotionale Intelligenz und die Kommunikationsfähigkeit sind Geschwister. Wo immer die Zusammenarbeit von Menschen erforderlich ist, ist ein Mindestmaß an emotionaler Intelligenz bei allen Beteiligten unerlässlich, da es sonst gehäuft zu Missverständnissen und mehr oder weniger großen Problemen in der Zusammenarbeit kommt. Unsere technische Zivilisation verleitet uns zu der durchaus irrigen Idee, dass Emotionen in einem technologischen Zusammenhang keine Rolle spielen; nur die Marketingspezialisten und Werbefachleute wissen schon lange, dass dem keineswegs so ist. Wegen dieser irrigen Annahmen werden emotionale Zustände, etwa bei Verhandlungspartnern, häufig komplett ignoriert und mancher wundert sich, warum eine Verhandlung nicht so recht vorankommt oder eine Teamarbeit scheitert, obwohl es im technischen Bereich der Sache, um die es geht, dafür keinen Grund zu geben scheint. Andererseits kennt jeder den „geborenen Verkäufer", der auch den Eskimos Kühlschränke verkaufen kann. Das sind in der Regel die Leute mit hoher emotionaler Intelligenz, die sich innerhalb kürzester Zeit mehr oder weniger intuitiv perfekt auf jeden Kunden einstellen können und ob ihrer Verkaufserfolge bewundert werden. Der Erfolg von Unternehmen hängt zunehmend davon ab, ob die Zusammenarbeit zwischen Menschen verschiedenen Geschlechts sowie verschiedener sprachlicher und kultureller Unterschiede gelingt oder nicht. Damit wird für heutige Führungskräfte, unabhängig von ihrem Fachgebiet, die emotionale Intelligenz zu einem Teil des Anforderungsprofils.

Teamfähigkeit

Die klassische, streng hierarchische Pyramide der frühen Industrialisierung führte strukturell dazu, dass alles, was im Unternehmen geschah, den Weg der Hierarchie zu gehen hatte – viele staatliche Behörden und Ministerien sind bis heute überwiegend noch genau so strukturiert.

In einer stark beschleunigten Zeit globaler Märkte ist dieses System viel zu langsam und ineffizient, weshalb in vielen Unternehmen an die Stelle der klassischen Top down Prozesse vielfältig eine Matrixorganisation und das Arbeiten in Projekten getreten ist: Hier übernimmt ein/e Projektverantwortliche/r die zentralen Managementaufgaben für ein bestimmtes, zeitlich begrenztes Projekt innerhalb des Unternehmens und stellt sich dazu ein Team zusammen, was aus Mitarbeitern verschiedener Abteilungen und Bereiche und auch verschiedener Hierarchiestufen bestehen kann (Abb. 5-1).

Die dazu nötige Teamfähigkeit bedeutet im Einzelnen, dass der Projektleiter in der Lage ist, immer wieder das Projektziel in den Fokus zu rücken und die verschiedenen Interessen, die es in solchen Teams immer gibt, auf diesen Fokus hin zu bündeln und auf eine gemeinsame Motivation für das Gelingen zu achten. Er muss dazu in teilweise sehr heterogen zusammengesetzten Teams erreichen, dass ein gewisses „Wir-Gefühl" für „unser Projekt" entsteht. Das sind Fähigkeiten, die mit der technischen Seite eines Projektes relativ wenig zu tun haben. Gutes Projektmanagement erfordert hohe Teamfähigkeit (und damit hohe emotionale Intelligenz und Kommunikationsfähigkeit).

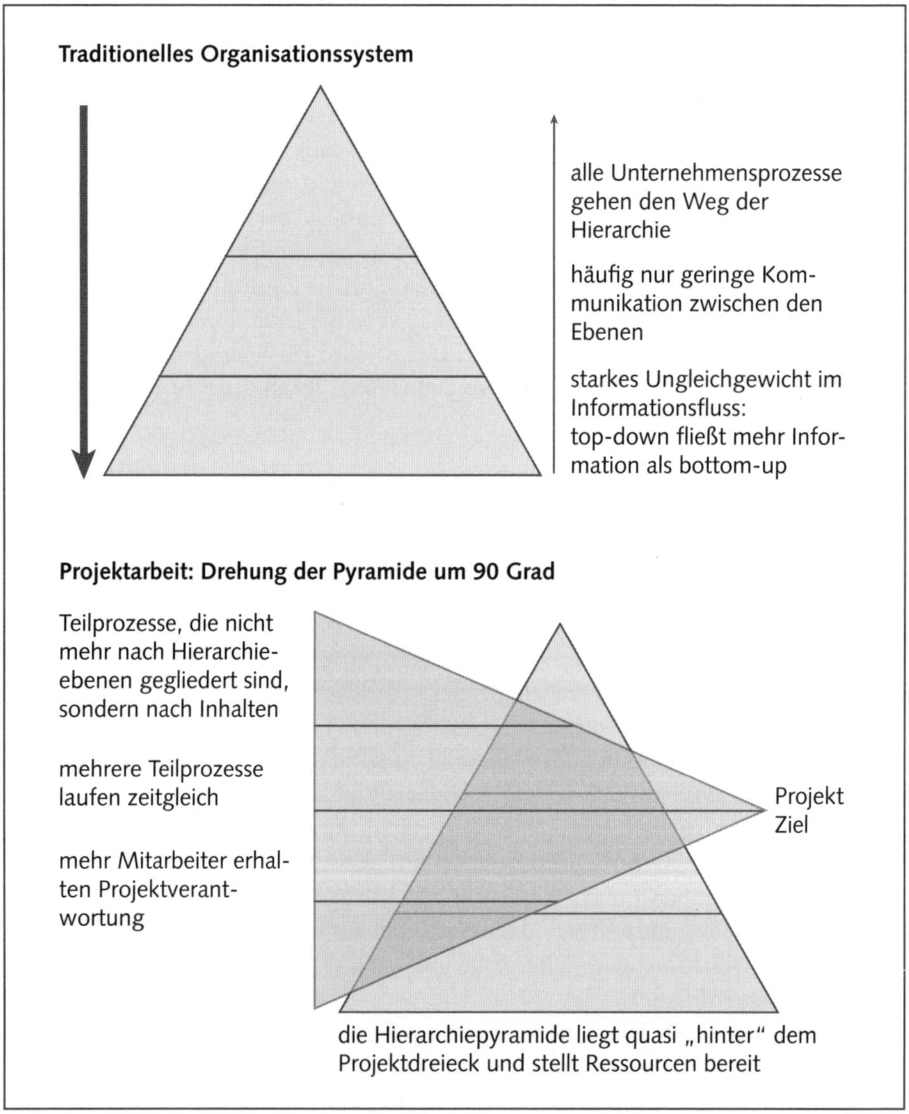

Abb. 5-1 Traditionelle Hierarchie versus Arbeit in Projekten

Konfliktmanagement

Komplexe Projekte und Unternehmungen bringen automatisch Konflikte aller Art mit sich: Dies können Zielkonflikte sein, aber auch Machtkonflikte, Statuskonflikte, Ressourcenkonflikte, Kompetenzkonflikte oder Wertekonflikte. Konflikte so zu managen, dass sich aus deren Lösung eine Schubkraft für ein Projekt ergibt und nicht eine Lähmung, ist eine hohe Kunst. In einem Workshop mit Vorständen eines großen Unternehmens zu diesem Thema haben die Teilnehmer einmal zusammengetragen, was ihnen im Laufe ihrer Tätigkeit an Konfliktvermeidungsstrategien begegnet ist: das TINA-(there-is-no-alternative-)Argument zum Abwürgen jeder Diskussion, die „Es-wird-nur-noch-alles-schlimmer"-Befürchtung, die Überzeugung, die Lösung des vorliegenden Konfliktes übersteige die eigenen Möglichkeiten, die „Rücksichtnahme" auf die Konfliktpartner und die daraus erwachsende Konfliktvermeidung oder die Hoffnung, dass „es schon von alleine gut wird" sowie die gerne behauptete, aber vermeintliche Nicht-Zuständigkeit für einen bestimmten Konflikt im Projektablauf.

Jeder, der mit konfliktträchtigen Situationen im Unternehmen zu tun hat, kennt das aus eigener Erfahrung: Bei manchen Konflikten würde man die Lösung des Konfliktes nur zu gerne anderen überlassen, wenn man nur könnte. Um so wichtiger ist es, über Fähigkeiten zum konstruktiven Konfliktmanagement zu verfügen, zumal die genaue Analyse von Konflikten häufig einen Schlüssel für das Voranschreiten von komplexen Projekten beinhaltet. Konflikte weisen häufig nämlich sehr genau auf „Knackpunkte" im Projektablauf hin; wer das verstanden hat, kann sogar dankbar für Konflikte sein, weil sie paradoxerweise den Weg weisen können zum Erfolg eines Projektes. Details zum Werkzeug modernen Konfliktmanagements finden sich im Kapitel 10.

Ambiguitätstoleranz

Ebenso wie die Allgegenwart von Konflikten in komplexen Projekten hat es modernes Management heute mit der Alltäglichkeit von Ambiguität (v. lat. ambiguitas = Zweideutigkeit, Doppelsinn) zu tun: Keine strategische Entscheidung und kaum eine Einzelmaßnahme, die im Managementalltag getroffen werden muss, unterliegt nicht einer Vielzahl von Interdependenzen. Führen heute bedeutet, mit mehreren Wirklichkeiten, die gleichzeitig und parallel existieren und einander gegenseitig auszuschließen scheinen, aktiv umzugehen. Es gilt die Renditeerwartung der Shareholder zu erfüllen, aber auch die anderen Spieler im komplexen Räderwerk zu berücksichtigen: die Wünsche der Kunden aber auch der Mitarbeiter, die staatlichen Rahmenbedingungen und die Bedingungen des jeweiligen

Marktumfeldes (die sich heutzutage in vielen Branchen häufig quasi über Nacht ändern können!). Ambigiutätstoleranz bedeutet aber auch, sich dessen bewusst zu sein, dass es praktisch unmöglich ist, „immer alles richtig zu machen" – wer diesen Anspruch an sich selbst hat, brennt schnell aus. Im Kapitel 7 finden sich weitere Ausführungen zur Fähigkeit der Ambiguitätstoleranz in der Praxis.

Lebenslanges Lernen

Die Halbwertszeit für Fachwissen, das für die praktische Lösung einer gegebenen Aufgabe nützlich ist, wird immer kürzer – und das in allen Branchen der Wirtschaft. Durch die rasante technologische Entwicklung und das zunehmende Tempo organisatorischer und unternehmensstruktureller Veränderungen ist ein lebenslanger Lernprozess für alle im Unternehmen Tätigen notwendig geworden. Das setzt nichts weniger als eine Haltungsänderung im Bereich der Grundeinstellung zum Lernen voraus. Galt über lange Zeiten der industriellen Entwicklung hinweg, dass ein einmal erfolgreich abgelegter Abschluss dazu berechtigt und vor allem befähigt, im betreffenden Feld lebenslang tätig zu sein, gilt das heute so nicht mehr.

Auch in früheren Phasen der industriellen und technologischen Entwicklung lernte man lebenslang dazu – die „Berufserfahrung" als Begriff bringt dies zum Ausdruck. Dass ein bestimmtes Wissen über Prozesse oder Strukturen innerhalb kurzer Zeit komplett entwertet wird, weil sich diese Prozesse oder Strukturen grundsätzlich wandeln, ist allerdings ein relativ neues Phänomen. Es bedarf einer gewissen Selbstwertstabilität, wenn man tatsächlich ein „lebenslang Lernender" sein will und sich nicht davon einschüchtern lässt, wenn man feststellt, dass man trotz einer unter Umständen jahrelangen Berufserfahrung schon wieder „auf die Schulbank" muss.

Fähigkeit zur Selbststeuerung und -strukturierung

Fraglos haben moderne Möglichkeiten der Informationstechnologie eine enorme Erweiterung des Handlungsspielraums für viele Tätigkeiten erbracht. Durch Internet, flächendeckende mobile Telefonnetze, Smartphones und handliche, in jeder Aktentasche leicht zu transportierende leistungsstarke PCs ist die Anbindung an einen Arbeits-„Platz" im wörtlichen und örtlichen Sinne teilweise komplett aufgehoben. Gleitzeit und Arbeitszeitkonten sowie Entgeltmenüs aller Art erhöhen die Flexibilität weiter. All dies ist für Arbeitgeber und Arbeitnehmer mit einer ganzen Reihe von Vorteilen verbunden, hat aber auch eine Schattenseite. Früher war die Grenze zwischen „Arbeit“ und „Freizeit“ recht klar gezogen und vor allem dadurch physisch markiert, ob jemand an seinem Arbeitsplatz anwesend war oder nicht. Wenn dieses Kriterium entfällt, heißt das notwendigerweise, dass die Grenzen zwischen den beiden Bereichen immer mehr verschwimmen. Was für Selbstständige und Unternehmer schon länger galt – nämlich dass es keine klare Abgrenzung zwischen Arbeit und sonstigem Leben gibt – wird zunehmend in allen Bereichen der Arbeitswelt zum Thema.

Das erfordert ein hohes Maß an Selbstmanagement – die „Abgrenzungsarbeit“, die bisher durch äußere Strukturen (feste Arbeitszeit und fester Arbeitsort, klare Überstundenregelungen usw.) vorgegeben war, muss nun vom Einzelnen selber übernommen werden. Das dies häufig überhaupt nicht gelingt, zeigt folgende Kennzahl: der enorme Anstieg psychischer Störungen, die direkt mit der Arbeitswelt zu tun haben (Depressionen, Ängste und Burnout-Zustände aller Art) im letzten Jahrzehnt.

Alle diese hier erwähnten Soft Skills sind Anforderungen an Menschen, die Führungsrollen innehaben. Aufgrund ihres Charakters als wichtige „Werkzeuge“ im zwischenmenschlichen Bereich sind sie aber von der Person, die die Rolle inne hat, nicht zu trennen – mit anderen Worten, Rollenentwicklung ist immer auch Persönlichkeitsentwicklung. Um das Thema „Rolle und Person“ wird es nun etwas detaillierter im nächsten Kapitel gehen.

6 Führung gestalten: Person und Rolle

Mathias Lohmer

Im Laufe der bisherigen Ausführungen dürfte deutlich geworden sein, dass eine Life-Balance in einem gesunden Unternehmen einer erheblichen Anstrengung von allen Beteiligten bedarf. Arbeitsverdichtung und Auflösung der Grenze zwischen beruflichem und privatem Bereich verlangen von jedem, die Passung zwischen persönlichen Bedürfnissen sowie Fähigkeiten und beruflichem Anforderungsprofil immer wieder aufs Neue vorzunehmen und zu justieren.

In diesem Kapitel wird erarbeitet, wie das Konzept der *Rolle* dabei helfen kann, diese Passung zu verstehen, zu bewerten und zu verbessern.

Rolle meint hier das Set von Einstellungen, Haltungen, Werten und Verhaltensweisen, die mit einer spezifischen Funktion und Aufgabe in einer Organisation verbunden sind. Die Rolle ist somit das *Bindeglied* zwischen der *Person* mit ihren Motiven, Gefühlen und ihrem Charakter einerseits und der *Organisation* mit ihren Erwartungen und Forderungen sowie ihrer spezifischen Kultur andererseits (Abb. 6-1).

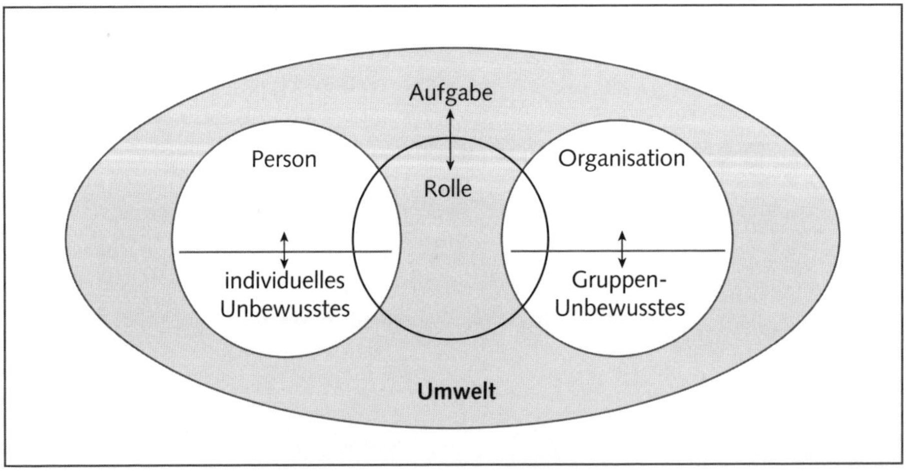

Abb. 6-1 Person, Rolle, Organisation

Eine Person tritt somit in einer Organisation nicht primär als „Privatperson" in Erscheinung, sondern wird durch die Übernahme von Rollen einbezogen. Dies gilt nicht nur für den beruflichen Bereich und den Bereich von Organisationen generell – auch im privaten Bereich werden die Beziehungen durch Rollen mitbestimmt, so z.B. durch die Rollen als Vater, Ehemann, Freund, Autobesitzer, Kleingartenpächter oder Kassenwart des Golfclubs. Die Definition der Rollen bestimmt, welche Aufgaben und Befugnisse eine Person in einer Organisation erhält und wo die Grenzen liegen. Rollen bestimmen die Bandbreite möglichen Verhaltens. Sie regeln somit Verhaltenspflichten, Verhaltensverbote und Verhaltensspielräume.
Unsere Abbildung 6-1 verdeutlicht, dass die Rolle zwischen den Anforderungen der Organisation und den Erwartungen und Befindlichkeiten der Person *vermittelt*. Je mehr sich die jeweilige Rolle mit den Anforderungen der Organisation deckt, desto funktionaler ist die Rolle für die Organisation, desto stimmiger ist ihre Ansiedlung im Organigramm und desto besser abgestimmt ist sie auf die speziellen Erfordernisse der Organisation und ihrer Kultur.
Je größer hingegen der Bereich der Person ist, der von der Rolle erfasst wird, je mehr persönliche Fähigkeiten, Interessen, Kenntnisse und Ambitionen in der Rolle gelebt werden können, desto vitaler und authentischer fühlt sich der Rollenträger und desto überzeugender kann er z.B. in der Rolle eines Vorgesetzten agieren.
Viele Coaching-Prozesse entstehen aus Anlässen, in denen der Coachee Schwierigkeiten mit der Passung zwischen Person, Rolle und Organisation hat.

Herr K., erfolgreicher Abteilungsleiter eines mittelständischen Unternehmens, sieht eine Chance auf eine berufliche Verbesserung und übernimmt eine Bereichsleiterposition in einem Konzern. In seinem alten Betrieb wurde Herr K. für seine direkte, offene und zuweilen „hemdsärmelige" Art sehr geschätzt. Er galt als „Anpacker" und „Beweger", der auch offene Worte gegenüber dem Inhaber und Geschäftsführer, dem etwas patriarchalischen Gründer des Unternehmens, nicht scheute, seine Mitarbeiter motivieren und mitreißen konnte, sich auch um deren private Sorgen kümmerte und bei Messen und Veranstaltungen gerne auf einige Biere mit ihnen zusammen saß.

Auch von der neuen Firma war Herr K. bewusst als „Neuerer" und Quereinsteiger von außen eingestellt worden, um die stagnierende Entwicklung des Bereiches voranzubringen. Seine Dynamik, Motivationsstärke und Kenntnis des Marktes waren mitentscheidend dafür gewesen, dass die Wahl auf ihn gefallen war.

Aber schon wenige Monate nach seinem Start befand sich Herr K. in einer Krise und begann auf Empfehlung der Personalabteilung ein Coaching. Im anfänglichen Vierer-Gespräch mit dem zuständigen Vorstand, dem Betreuer der

Personalabteilung, dem Coachee und dem Coach hob der Vorstand Dynamik und Kundenorientierung von Herrn K. hervor, beschrieb aber auch, dass er immer wieder Taktgefühl für den Umgang mit dem Finanzvorstand vermissen ließe, diesen offen in einer Sitzung kritisiert habe und sich generell zu sehr um seine direkten Aufgaben im Bereich und zuwenig um das „Verkaufen" der Ergebnisse und Interessen des Bereiches im Konzern kümmere. Er pflege gute Kontakte zu wichtigen Kunden, vernetzte sich aber zuwenig im Konzern. Der Personaler ergänzte, dass manche Mitarbeiter sich – eher diskret und vorsichtig – verwundert gezeigt hätten, wie direkt sie ihr Vorgesetzter nach ihren privaten Lebenszusammenhängen gefragt hätte und wie wenig er auf die abgesprochenen Zuständigkeiten Rücksicht nähme, wenn er eine neue Idee verwirklichen wolle. Herr K. wiederum verstand die Welt nicht mehr. Gerade das, was ihn in seiner alten Firma so erfolgreich und beliebt hatte werden lassen, wurde ihm hier kritisch angekreidet: seine direkte Art gegenüber der Führungsebene, seine Konzentration auf die Aufgaben statt auf die „Politik" und seine Nähe zu den Mitarbeitern.

Es war ein Ergebnis des Coaching-Prozesses, dass Herr K. schließlich verstehen konnte, dass die Rollengestaltung in seiner alten, mittelständischen Firma eine hohe Schnittmenge zwischen seinen persönlichen Vorlieben und Stärken sowie den Erfordernissen der Firma aufgewiesen hatte, die umstandslose Übertragung dieses Muster auf die neue Rolle ihn hingegen in ernste Schwierigkeiten brachte. Herr K. war der Illusion aufgesessen, dass seine „authentische" Rollengestaltung mit direktem Kontakt und Betonung von Leistung auch in der neuen Firma willkommen wären, hatte aber nicht die Unternehmenskultur eines Konzern in Rechnung gezogen, in der Rücksicht auf Territorien, Machtstrukturen und politische Prozesse ebenso wichtig wie eine gute Leistung sind – ja, für eine Führungskraft, die vorankommen will, wird gute Leistung vorausgesetzt, die wirkliche Eignung erweist sich aber in der Fähigkeit, sich in dieser Kultur souverän und in Kenntnis der Regeln bewegen zu können.

Ergebnis des Coaching war, dass Herr K., begleitet durch das Coaching, austesten wollte, ob er im Rahmen der neuen Rollenerwartungen korrespondierende persönliche Entwicklungsziele verfolgen könnte (z.B. sensibler gegenüber wechselnden Kontexterwartungen zu sein, die eigene Meinung diplomatischer auszudrücken, eine passende Nähe-Distanz-Regulierung zu seinen Mitarbeitern zu finden) oder ob letztlich das Biotop „mittelständische Firma" ihm eine bessere Passung von Persönlichkeit, Rolle und Organisationserwartungen mit einem höheren Maß an Authentizität ermöglichen würde.

Dieses Fallbeispiel weist auf Fragen hin, die oft in diesem Kontext des Rollenverständnisses auftreten: Ob denn Rolle nicht etwas Künstliches sei, dass es doch darum gehe, in jeder Situation möglichst authentisch sein zu können und dass man doch eh' immer „man selber" sei! Der Wunsch nach *direkter* und *ungefilterter* Authentizität ist zwar verständlich und nachvollziehbar, wird aber kaum je verwirklicht. Ständig finden bewusst und unbewusst Abstimmungsprozesse zwischen den Erwartungen der Organisation, vermittelt durch ihre Kultur, und den Verhaltensvorlieben des Rollenträgers statt.
Hier ist das Konzept der *selektiven Authentizität* hilfreich: Wenn ich auf authentische Weise persönliche Züge, Haltungen, Wertungen, Einstellungen und Reaktionen im Rahmen meiner Rolle zu erkennen und zu „erfühlen" gebe, verbessert sich die persönliche Beziehung und Bindung zu Kollegen, Mitarbeitern und Vorgesetzten. Ich werde „greifbar", meine Motive werden nachvollziehbar, Momente der „Schwäche" erlauben das Gefühl von *Ähnlichkeit* und ermöglichen damit Nähe. „Selektiv" ist die Authentizität in diesem Konzept deswegen, weil nicht ungesteuert, impulsiv und ohne begleitende Reflexionsschleife persönliche Bedürfnisse und Befindlichkeiten gegenüber anderen geäußert werden. Unzufriedenheit mit dem eigenen Chef sollte z.B. nicht mit den eigenen Mitarbeitern besprochen werden – der Filter der „Selektivität" ermöglicht also, dem naheliegenden Impuls, sich bei Vertrauten zu entlasten, zu widerstehen.
In einem „gesunden Unternehmen" ermöglichen die Rollen Mitarbeitern und Führungskräften eine hohe *Schnittmenge* von Person und Organisation im Bereich der Rolle – eine Grundvoraussetzung für Arbeitszufriedenheit und gute Aufgabenerfüllung!
In diesem Verständnis ist „Rolle" dann nicht etwas Künstliches, sondern die bewusste Gestaltung der eigenen Verhaltensmöglichkeiten unter reflektierter Berücksichtigung des organisationalen und kulturellen Kontextes und der eigenen persönlichen Verhaltensmöglichkeiten. Rollengestaltung ist also Teil des *Selbstmanagements*.
Besonders relevant wird dies bei zwangsläufig auftretenden *Rollenkonflikten* zwischen unterschiedlichen Rollen mit ihren jeweiligen Haltungen und Anforderungen, die jemand innehat. In der Rolle als Mitglied eines Leitungsteams, z.B. eines Vorstandes, unterstützt der Verkaufsvorstand vielleicht eine Strategie, die eine notwendige Kostenreduktion durch Personaleinsparungen vorsieht. In seiner Rolle als Vorstand für den Bereich Verkauf würde er hingegen gerne Personal einstellen, um Marktanteile vergrößern und Wachstum beschleunigen zu können – wie balanciert er diese unterschiedlichen Ziele und Erwartungen?
Dazu braucht es die Fähigkeit der „multiplen Loyalität" gegenüber den unterschiedlichen Stakeholdern, also den an einem Unternehmen Beteiligten – einschließlich Kunden, Mitarbeitern, Aktionären, Vorgesetzten und Regulierungsbehörden!

Im Verständnis eines bewussten Rollenhandelns geht es somit darum, der Verführung einer einseitigen Loyalität zu einer Stakeholder-Gruppe zu widerstehen und die Loyalitätsspannung aufrecht zu erhalten.
Neben dieser bewussten Dimension der Rollengestaltung spielt aber auch der *unbewusste* Bereich der Rollengestaltung eine wichtige Rolle. Jede Person wird ja auch durch ihr individuelles Unbewusstes geprägt, das bestimmte Konfliktneigungen, Bedürfnisse und Ängste umfasst. So kann eine Person bewusst eine Führungsrolle anstreben, unbewusst sich selbst aber „ein Bein stellen" und in einem Bewerbungsverfahren scheitern, weil sie z.B. vor der Rivalität und dem Exponiertsein in dieser Rolle zurückschreckt. Bewusst kann jemand sich selbst als Teamplayer verstehen, unbewusst kann ihm aber eine Tendenz, immer wieder als Einzelkämpfer aufzutreten, einen Streich spielen und zu einem Auseinanderklaffen von Selbst- und Fremdbild führen.
Gerade in Coaching-Prozessen ist es deshalb wichtig zu erarbeiten, welche unbewussten Konfliktthemen durch bestimmte Rollenkonstellationen aktiviert werden.

Nehmen wir nochmals Bezug zu unserem Fallbeispiel von Herrn K., so konnte mit ihm erarbeitet werden, dass er die spezielle Nähe der Beziehung zu seinem alten mittelständischen Chef als sehr befriedigend erlebte, da er ihn respektieren und ihm gegenüber auch abweichende Meinungen engagiert äußern konnte – etwas, was er sich von seinem Vater immer gewünscht hätte. Es war also das Muster einer „erwünschten" Vater-Sohn-Beziehung, das er unbewusst mit seinem alten Chef inszenieren und als befriedigend und wertvoll erleben konnte. Den Finanzvorstand im neuen Konzern hingegen konnte er weder fachlich noch persönlich respektieren, ja er verachtete ihn geradezu und konnte sich deshalb in seiner Lust an Kritik und „Entlarvung" seiner Schwäche kaum zügeln. Hier konnte im Coaching verstanden werden, dass diesem Verhalten bei Herrn K. ein noch nicht verarbeiteter Konflikt mit seinem als willkürlich und desinteressiert erlebten Vater zugrunde lag; fast automatisch reagierte er in der unbewussten Wiederholung deswegen – für die soziale Situation der Gegenwart unangemessen – aggressiv auf den Finanzvorstand.

Durch diesen Verarbeitungsprozess im Coaching konnte Herr K. schließlich souveräner gegenüber dem Finanzvorstand reagieren, er konnte die Differenz zwischen dem Finanzvorstand und seinem inneren Vaterbild, der Vergangenheit und der Gegenwart, innerer und äußerer Realität erkennen und nutzen.

Auch die Organisation verfügt über ein *organisationales oder Gruppen-Unbewusstes* (Lohmer 2004). Dies betrifft die *Kultur* einer Organisation und ihre unausgesprochenen Regeln, die „Do's" und „Dont's" der Organisation. Hier geht es um Themen wie der Regulierung von Macht, Einfluss, Entscheidungen und

Konflikten. Wie kommt es z.B. zu Entscheidungen in strittigen Fragen, welche „grauen Eminenzen“ sind dabei wichtig, welche Erwartungen bestehen gegenüber der Lösung von Konflikten, wer kann gegenüber dem Chef wie deutlich werden, welche Tabus herrschen?

> Nutzen wir auch hier wieder unser Fallbeispiel, so können wir sehen, dass sich Herr K. anfänglich eine Reihe solcher Regeln, die im unbewussten kulturellen Wissen des Konzern vorhanden sind, nicht mit Empathie und Perspektivwechsel erschloss. Stattdessen war er – auch aufgrund unbewusster Konflikte – „blind“ gegenüber diesen kulturellen Eigenheiten. So erkannte er nicht, dass es ein absolutes Tabu war, den Vorstand eines anderen Bereiches offen und öffentlich zu kritisieren, dass vor Entscheidungen alle davon betroffenen Bereiche und Abteilungen einbezogen werden mussten, da sie sonst ein Projekt durch passiven Widerstand blockieren würden, es also selten ein offenes „Nein“, dafür häufig ein „Es passiert einfach nichts, wenn es uns nicht passt!“ gab. Und dass rasche und persönliche Nähe zu den Mitarbeitern eher als Distanzlosigkeit denn als „Erreichbarkeit“ verstanden wurde, da Führungspersonen auf Bereichsleiterebene ihre Rolle auch durch Distanz nach unten markierten.

Solch ein kulturelles Wissen um die unbewussten Regen der Organisation beeinflusst die Art und Weise, wie jemand seine Rollen in einer spezifischen Organisation gestalten kann.
So wird eine Führungskraft innerhalb der Kultur einer Bank mit neuen, kreativen Ideen vorsichtiger, Hierarchien und „Claims“ sorgsam berücksichtigend agieren müssen, um mit ihren Vorstellungen nicht ausgebremst und als Person ausgegrenzt zu werden. Hier dominiert eine Kultur, die aufgrund der Art des Geschäftes naturgemäß auf Absicherung, Solidität und Top-down-Führung angelegt ist. In der Kultur einer innovativen IT-Firma hingegen gehört es zum Set der Erwartungsmuster, dass ein Mitarbeiter kreative Ideen und unkonventionelle Lösungen auch gegen bisher übliche Vorgehensweisen voran bringt, da das gesamte Unternehmen unter einem hohen Innovationsdruck steht und innovatives Verhalten folglich „belohnt“.
Neben diesem *Gruppenunbewussten* wird die Rolle weiterhin durch die Anforderungen und die Einflussnahme der *Umwelt* ausgestaltet – wenn ich Schauspieler bin, wird mein Privatleben von der Umwelt mit anderen Erwartungen beobachtet als wenn ich Politiker, Geistlicher oder Bankier bin!
Für die Vorstellung, sich selbst planvoll in seiner Rolle zu managen, ist das Konzept von *Autorität* hilfreich, das vor allem im angelsächsischen Bereich üblich ist. Autorität hat in dieser Verwendung nichts mit „autoritär“ (also diktatorisch, bestimmend, nicht einbeziehend) zu tun, sondern kommt von *„auctoritas“ (*la-

teinisch für Würde, Ansehen und Einfluss) und steht im Gegensatz *potestas,* also formaler Macht und Gewalt.

Um eine Führungsrolle ausüben zu können, braucht eine Person *Autorität* von drei Seiten: von oben, unten und innen! (vgl. Obholzer 2004). Direkt einsichtig ist, dass eine Führungsperson eine Autorisierung ihrer Aufgaben, Kompetenzen und Verantwortlichkeiten von „oben" benötigt: Die jeweils vorgesetzte Ebene muss eine Führungskraft offiziell und mit einer klaren Benennung ihrer Kompetenzen einführen und in ihrer Rollenausübung unterstützen.

Dies alleine reicht allerdings nicht. Um wirkungsvoll führen zu können, braucht der Führende auch die Akzeptanz von „unten": Seine Mitarbeiter müssen ihn in seiner Rolle akzeptieren, achten und respektieren. In vielen Situationen ist zu beobachten, wie Führungspersonen ins Leere laufen, ausgebremst und übergangen werden – von passiv-aggressivem Widerstand über Nichtachtung bis offener Rebellion gibt es viele Möglichkeiten, eine Führungsperson zu lähmen oder gar außer Gefecht zu setzen. Mitarbeiter können aber nur gewonnen werden, wenn die Führungskraft als Person glaubwürdig ist und wenn Person und Rolle ausreichend übereinstimmen. Dazu gehört auch, dass die Ziele, für die jemand eintritt, moralisch und von dem gemeinsamen Wertesystem her getragen werden.

Glaubwürdigkeit entsteht auch dann, wenn die Führungskraft vorlebt, wie sie ihre Aufgaben mit Engagement und „Passion" ausübt.

Passion oder Leidenschaft scheinen zunächst für den Arbeitsbereich fremdartige Begriffe zu sein, sie beschreiben aber passend das Ausmaß an Energie, das jemand in seine Rollen und Aufgaben investiert. Eine energetische Person, die mit Verve, Leidenschaft und Überzeugungskraft agiert, kann mitreißen, Zweifel ausräumen, Angriffslust wecken und auch Verzagte gewinnen!

Schließlich ist es vor allen Dingen aber auch die „Autorität von innen", die für den Erfolg der Rollengestaltung einer Führungsperson verantwortlich ist. Von „innen" meint dabei, dass die Person sich selber – ausreichend konfliktfrei – autorisieren muss, führen zu dürfen, Macht auszuüben, bestimmen zu können, Entscheidungen auch gegen Widerstand zu treffen. Auch hier spielt das individuelle Unbewusste eine große Rolle, ob eine solche Autorisierung erfolgt oder unbewusst boykottiert wird, weil z.B. ein inneres Verbot besteht, andere zu übertreffen, die Angst dominiert, Neid auf sich zu ziehen, oder eine Hemmung die Grundaggression bremst, die für eine Führungsrolle notwendig ist und bei sich akzeptiert und integriert werden muss.

Die aktive Gestaltung einer Führungsrolle hilft dabei, Führungssituationen realistisch in ihrer Dynamik einzuschätzen und damit auch einem idealisierenden *Erwartungsdruck* widerstehen zu können: Nicht jeder Ball, den ein Mitarbeiter zuspielt, muss aufgenommen werden, Angst vor Missbilligung durch Mitarbeiter und eigene Vorgesetzte sollte erkannt, wahrgenommen, abgewogen und realistisch bewertet werden. Ein gewisses Maß von Anecken, Missbilligung, von „Ecken und

Kanten“ bei einer Führungsperson ist notwendig, ja sogar Karrierevoraussetzung! Ein missmutiger, provozierender oder ewig rebellierender Vorgesetzter hingegen wird sich langfristig nicht erfolgreich halten können.
Person und Charakter des Führenden prägen also neben dem organisationalen Set der Erwartungen und dem rollenbezogenen Handeln den *Führungsstil* und die individuelle Ausgestaltung der Führungsrolle. Ob jemand einen eher zwanghaften, hysterischen, depressiven oder paranoiden Charakter hat mit den entsprechenden Ängsten und Abwehrstilen, wird seine Stressmuster und seine Beziehungsgestaltung prägen. Die Kenntnis der eigenen psychischen Verfasstheit hilft somit entscheidend, souveräner mit schwierigen Situationen umgehen zu können (vgl. Lohmer et al. 2012).
Wenn wir uns bisher damit beschäftigt haben, wie der *Charakter* und das Unbewusste einer *Person* und ihre Offenheit gegenüber der Kultur der Organisation die Rollengestaltung beeinflussen, so müssen wir nun auch die umgekehrte Prägung ins Auge fassen. „Die Verwandlung des Amtes durch den Menschen dauert etwas länger als die Verwandlung des Menschen durch das Amt“ (Joschka Fischer). Joschka Fischer selber ist ein gutes Beispiel dafür, wie durch die Rollen als Außenminister und Vizekanzler aus einem Rebell ein Staatsmann und aus einem Provokateur ein Diplomat wurde – aber immer mit Passion und Kampfgeist!
Die Art der Rollenerwartung unterschiedlicher Organisationen und die Möglichkeiten, die jeweils in den Rollen liegen, lassen auch die unterschiedlichen Aspekte der Persönlichkeit des Rollenträgers hervortreten. Jedem Lehrer ist das Beispiel geläufig, dass schwierige und störende Schüler in verantwortlichen Rollen, z.B. der des Klassensprechers, plötzlich zu einem ganz anderen Verhalten finden und Verhaltensweisen wie Aufmerksamkeit, Verantwortungsgefühl und Umsicht zeigen können.
Klare Rollenerwartungen geben Sicherheit und Orientierung, rücken bestimmte Persönlichkeitseigenschaften in den Vordergrund und andere eher in den Hintergrund. Wir alle kennen auch Beispiele, wie das plötzliche Beenden einer Rolle, z.B. durch Krankheit oder Pensionierung, zu einer massiven Krise, einem seelischen Einbruch und einem Verlust von Stabilität und Halt des Betroffenen führen kann. In den nächsten Kapiteln werden wir ausführlicher behandeln, wie persönliche Stressmuster mit Rollenausübung verknüpft sind und durch welche Haltungen und Auslösesituationen diese Stressmuster aktiviert werden können. Die Kenntnis dieser Stressmuster ist genauso wichtig wie die Kenntnis einer persönlichen Neigung für bestimmte offizielle und informelle Rollen, die Ausdruck einer Stärke, aber auch einer Gefährdung sein können.
Was wir bisher über den Zusammenhang von Person, Rolle und Organisation für einzelne Personen, insbesondere Führungspersonen, ausgeführt haben, hat auch Gültigkeit auf Gruppen-, Team- und Gesamtorganisations-Ebene und damit für

die Frage, wie ein gesundes und damit förderliches *Betriebsklima* entstehen und gepflegt werden kann.

Nicht nur Führungsrollen müssen so ausgestaltet werden, dass die beteiligten Personen eine Überzeugung von Selbstwirksamkeit und Gestaltungskraft gewinnen können. Der wichtigste Faktor für Mitarbeiterzufriedenheit, noch stärker als die Bezahlung, ist die Möglichkeit, auf die eigene Arbeitssituation und Arbeitsvollzüge Einfluss zu nehmen und sich damit als *selbstwirksam* zu erleben. Der Gegensatz davon, „gelernte Hilflosigkeit", das Gefühl von Ohnmacht und Wirkungslosigkeit, ist einer der wichtigsten Faktoren für ein schlechtes Betriebsklima und „innere Kündigung".

Deswegen ist es das Credo der Organisationsentwicklung, wo immer möglich, Mitarbeiter in die Gestaltung von Arbeitsvollzügen und in Veränderungsprozesse einzubeziehen, Verantwortung, z.B. durch die Möglichkeit, Projekte zu leiten, breit zu streuen und eine kritische, auf Schwachstellen hinweisende Haltung bei Mitarbeitern zu fördern. Hier werden wir allerdings auch auf Unterschiede im Kollektiv der Mitarbeiter treffen: Nicht jeder ist bereit, willens und fähig, Verantwortung für übergreifende Aufgaben zu übernehmen. Denn dies bedeutet, sich damit zu exponieren, Kritik auszusetzen, Eigeninitiative zu entwickeln und durch die Möglichkeit, eigenständig zu arbeiten, motiviert zu werden. Es wird immer Mitarbeiter geben, die eher vorgegebene Arbeiten abarbeiten wollen, auf ein ständiges hohes Maß an Anerkennung, aber auch Kontrolle angewiesen sind, also eher „eng geführt" werden müssen. Die Unterscheidung solch unterschiedlicher Eignung für unterschiedliche Rollen ist daher eine wichtige Führungsaufgabe!

B Anwendung

7 Selbstmanagement, Selbstführung und Selbstfürsorge für Führungskräfte

Jochen von Wahlert

Stress und Stressfolgen erfordern einen bewussten und aktiven Umgang mit Belastungssituationen (siehe Kapitel 1). Das in diesem Kapitel beschriebene Selbstmanagement beinhaltet Techniken und eine innere Haltung, die Menschen darin unterstützen. Mit Selbstführung ist eine Haltung gemeint, die eine langfristige Perspektive einnimmt. Selbstfürsorge ist ein Begriff, der im konstruktiven Selbstumgang auch Aspekte der Sicherung von psychischen Grundbedürfnissen und seelischen Wachstums und Wohlbefindens einschließt.
Wer bei den Anforderungen der heutigen Arbeitswelt bestehen möchte, ist mehr denn je auf ausgezeichnete Fähigkeiten im Umgang mit sich selbst angewiesen. Kompetenzen wie Flexibilität, Anpassungsfähigkeit, Lernfähigkeit, Eigenständigkeit und erfolgreicher Umgang mit Zeitdruck sind unentbehrlich. Manche bringen diese Eigenschaften mit ins Berufsleben, alle anderen müssen sie entwickeln. Bandura (1997) beschreibt, dass heute gängige berufliche Praktiken wie betriebliche Reorganisationen, der Einsatz von neuen Technologien, Job-Rotationen oder gar geographische Umplatzierungen einen andauernden Anpassungsprozess an die sich rasch verändernden Anforderungen erfordern. Die Flexibilität der Arbeitsstrukturen und die häufigen Reorganisationen verlangen nach flexiblen Reaktionen jedes Einzelnen und eine Haltung, mit der in den Veränderungen mehr die Chancen und weniger die Belastungen gesehen werden. Um die heutigen Herausforderungen im Berufsleben zu bestehen, sind neben einer guten Fachkompetenz also zusätzlich vielerlei Kompetenzen im Selbstmanagement einer Führungskraft erforderlich. In einer sich ständig verändernden Arbeitsumgebung, in der Leistungssteigerungen und lebenslanges Lernen notwendig geworden sind, ist ein gutes Selbstmanagement also Grundlage für den Erfolg von Führungskräften. Gutes Selbstmanagement hilft, weniger defensiv zu reagieren und Veränderungen zuversichtlicher und pro-aktiver anzupacken (Bandura 1997).

Selbstmanagement

Selbstmanagement fokussiert zunächst auf die inneren Fähigkeiten, die eigenen Prozesse und Abläufe so zu organisieren, dass wir möglichst optimal und effizient mit unseren Ressourcen umgehen. Hierzu bieten immer mehr Unternehmen ihren Leistungsträgern Seminare an, in denen Techniken zur Steigerung der Kompetenzen im Selbstumgang vermittelt werden. Diese Seminare umfassen Themen wie Zielfindung, Selbstorganisation, Selbstmotivation, Verbesserung der Lerntechniken sowie Zeitmanagement. Die Ergebnisse zeigen, dass sich mit Hilfe der Techniken eine enorme Effizienz- und Leistungssteigerung erreichen lässt. Wer sich selbst gut steuert, fühlt sich weniger ausgeliefert, getrieben und als Opfer der übermäßigen Leistungserwartungen. Es stärkt enorm das Selbstvertrauen, wenn man die Dinge wieder „im Griff" hat und die Aufgaben mit der Gewissheit angeht, dass man sie bewältigt.

Aber Vorsicht, die Verführung ist groß! Meist hält das Gefühl der Souveränität nur kurz an und die Anforderungen steigen weiter. Jede Optimierungskurve von Systemen erreicht über kurz oder lang den höchsten Punkt und auch die persönlichen Ressourcen lassen sich nicht ins Unendliche steigern. Und viele übersehen, dass sie das hohe Tempo, mit dem sie kurzfristig enorm voran kommen, langfristig nicht durchhalten können. Die Versuche, die eigenen Grenzen durch die Einnahme diverser Substanzen zur Leistungs- und Konzentrationssteigerung zu verschieben, erzeugen langfristig eher zusätzliche Probleme und sind meistens Raubbau an der eigenen Gesundheit.

Oft wird Selbstmanagement betrieben, um alle Kräfte den Anforderungen der Aufgaben unterzuordnen und die Optimierung erfasst alle Lebensbereiche. Wir erleben Führungskräfte, die nicht nur ihren Arbeitsalltag, sondern auch die Frei- und Familienzeit durchtakten und stets ergebnisorientiert gestalten sowie Sport und Hobbys nach Effizienzkriterien betreiben. Leistungssteigerungen in Systemen bedeuten aber in der Regel auch einen höheren Verschleiß, vermehrten Wartungsaufwand und möglicherweise eine verkürzte Lebensdauer. In wie weit sich dies auch auf menschliche Organismen übertragen lässt, sehen wir an den Ergebnissen der Stressforschung, die zeigt, dass Stress unter ungünstigen Bedingungen krank machen kann. Außerdem verlieren manche aus den Augen, dass auf Dauer die Steigerung der eigenen Leistungsfähigkeit nicht die alleinige Antwort auf die Arbeitsverdichtung und die stets komplexer werdenden Anforderungen der globalisierten Welt sein kann, weil erfahrungsgemäß die Zunahme der Aufgaben keine Grenzen kennt. Die Anforderungen übersteigen in der Regel das, was leistbar ist, und zwar fast unabhängig davon, wie weit die eigenen Leistungsgrenzen erweitert oder überschritten werden.

Der Zuwachs an Aufgaben und Verantwortung, den erfolgreiche Führungskräfte erleben bzw. den sie auch selber herbeiführen bzw. auf sich ziehen, steigt stetig.

Auf Belastungsgrenzen aber muss man selber achten, weil kein anderer das Maß kennt, bei dem das Fass voll ist. Grenzen wahrzunehmen ist aber nicht einfach und viele übergehen die körperlichen und psychischen Anzeichen. Sie überziehen sie bis zum Nervenzusammenbruch oder bis der Körper nicht mehr mitmacht. Um in einem anspruchsvollen Berufsfeld zu bestehen, benötigt man also nicht nur die Fähigkeit, sich möglichst optimal an die gestellten Anforderungen anzupassen, vielmehr muss eine Führungskraft lernen, Wichtiges von weniger Wichtigem sowie Machbares von Nicht-Machbarem zu unterscheiden und Prioritäten zu setzen. Vor allem aber braucht es eine Wahrnehmung für die eigenen Grenzen und eine innere Haltung, die es erlauben, für die eigenen Grenzen einzustehen. Und was für alltägliche Entscheidungen gilt, ist noch bedeutender für Themen, die unser Leben bestimmen: Macht meine Arbeit Sinn? Werde ich dem, was in mir steckt, gerecht? Findet das, was mir wichtig ist, auch statt in meinem Leben? Was nährt mich (emotional, geistig, materiell)? Gelingt es mir, die verschiedenen Bereiche auszubalancieren?

Für die Beantwortung dieser Fragen ist es wichtig, sich über die eigenen Ziele im Leben Klarheit zu verschaffen und dingfest zu machen, was einem persönlich wirklich wichtig ist. Man sollte sich ab und zu Rechenschaft darüber ablegen, welchen Preis, den eine Entscheidung für das eine und gegen das andere bedeutet, man bereit ist, zu bezahlen.

Ein empirisch fundiertes Selbstmanagement-Modell wurde von Kehr (2002) entwickelt. Es beschreibt, wie Selbstmanagementkompetenz durch die Zusammenführung impliziter Motive mit expliziten Zielen entsteht. Entscheidend ist die Schnittmenge zwischen Motivation und Wille (Abb. 7-1). Bei idealer Übereinstimmung von Motiven (unbewusste „Bauch"-Absichten) und Zielen (bewusste „Kopf"-Absichten) sind kaum mehr Willensanstrengungen erforderlich und psychische Konflikte treten in den Hintergrund (Kehr 2002, S. 21). Bei großer Über-

Abb. 7-1 Implizite Motive und explizite Ziele (nach Kehr 2002)

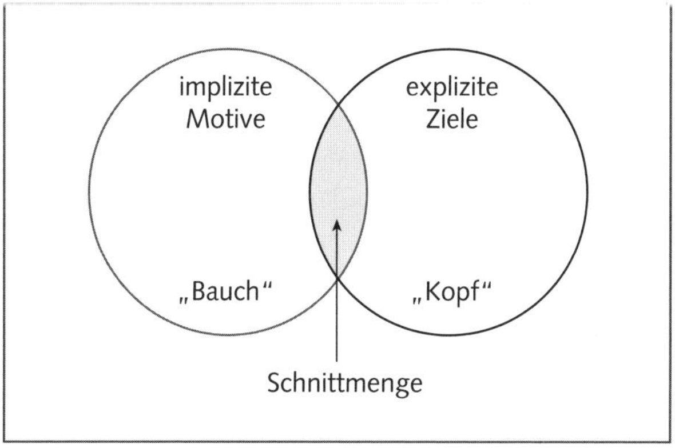

einstimmung der beiden Bereiche sprechen wir von intrinsischer Motivation, die die Umsetzung von Handlungsabsichten fördert.
Der linke Kreis der Abbildung repräsentiert die impliziten Motive einer Person, während der rechte Kreis für die Ziele und Absichten steht. David McClelland, auf den diese Unterscheidung ursprünglich zurückgeht, ordnet implizite Motive eher dem emotionalen, unbewussten Bereich zu. Dieser Teil ist der menschlichen Logik nur beschränkt zugänglich und auch nicht einfach so sprachlich auszudrücken. McClelland zum Beispiel unterscheidet drei große Motiv-Kategorien: Die Anschluss-, die Macht- und die Leistungsmotive. Die expliziten Ziele betreffen demgegenüber mehr den rationalen Bereich. Sie sind grundsätzlich bewusst und auch kommunizierbar. Solche Ziele sind stark durch die soziale Umgebung geprägt. Erwartungen anderer, Normen und Regeln spielen hier eine große Rolle. Typische Ziele sind beispielsweise: einen Karriereschritt zu machen, mehr Zeit mit der Familie verbringen zu können, Gewicht zu reduzieren usw. Wenn solche Ziele mit Motiven übereinstimmen, entspricht dies der gemeinsamen Schnittmenge der Kreise. Andererseits können explizite Ziele und implizite Motive voneinander abweichen. Empirische Forschung hat belegt, dass bei vielen Menschen erhebliche Diskrepanzen zwischen Zielen und Motiven liegen, woraus häufig psychische Konflikte entstehen und das Handeln behindert wird (Brunstein 1988; zitiert nach Kehr 2002, S. 19).

Selbstführung

Wir nennen die Kompetenz, die den Zielen und Bedürfnissen der eigenen Persönlichkeit und deren Entwicklung im Leben Rechnung trägt die Selbstführung. Mit Selbstführung organisieren wir nicht nur möglichst optimal unsere Ressourcen, sondern wir sorgen dafür, dass Entscheidungen, Verhalten und Handlungen nach selbst gewählten Kriterien, Werten, Zielen und inneren Überzeugungen erfolgen, natürlich mit der Bereitschaft, Kompromisse zu schließen, die wir dann aber mehr oder weniger bewusst eingehen. Die zentrale Kompetenz dabei ist, sich selbst als entscheidende Instanz für das, was man tut, wahrzunehmen. Es ist nicht der Chef, der Auftrag, das Projekt, die Finanzmärkte, die einen zwingen, das zu tun, was man tut, sondern es ist die eigene Überzeugung, die maßgeblich ist. Das Steuer nicht aus der Hand geben ist die Devise. Einen Weg zu bahnen, bei dem man selbst Herr des Verfahrens bleibt und seine Handlungsfähigkeit behält. Die Bereitschaft, die Konsequenzen für unliebsame Entscheidungen zu tragen, führt zu innerer Autonomie und Unabhängigkeit. Vermeiden sollte man immer, sich als Opfer der Umstände zu definieren. Achten Sie darauf, niemals von den Umständen erpresst zu werden, selbst wenn diese Ihnen – bildlich gesprochen – die Pistole an die Schläfe halten.

Kompetenz in der Führung der eigenen Person erwirbt man, in dem man die Wahrnehmung für die eigenen Gefühle und Bedürfnisse schärft. Das fängt schon mit einfachen Hunger- oder Müdigkeitsgefühlen an, die man nicht missachten sollte und führt über die Wahrnehmung der eigenen Grenzen und Widerstände zu der Klarheit über die inneren Ziele, Wünsche und Sehnsüchte. Emotionale Kompetenz beschreibt die Fähigkeit, die Gefühle, die man hat, richtig zu lesen und einzusortieren.

Gefühle können sehr wichtig werden, weil sie uns Handlungssignale geben und uns oft schneller erreichen als angestrengtes Überlegen. Emotional begabte Menschen können sich oft sehr genau auf ihre Wahrnehmung verlassen, sie haben „den richtigen Riecher" oder „den 7. Sinn", weil sie schon lange vor etwaigen Argumenten eine Einschätzung der Situation vorgenommen haben und ihre Schlüsse daraus ziehen. Emotionale Kompetenz sorgt dafür, dass grundlegend wichtige Dinge im Leben nicht zu kurz kommen: die sozialen Beziehungen. Sie weist uns auf Bedürfnisse und Wünsche hin, denen es gilt, nachzugehen. Kompetenz aber drückt sich auch darin aus, den eigenen Ärger zu spüren und ernst zu nehmen, um die eigenen Standpunkte zu verteidigen und deutlich zu machen, wenn es reicht oder zu viel wird. Ärger dient auch dazu, Beziehungen zu klären, Schwierigkeiten zu erkennen, um sie auszuräumen. Selbstwahrnehmung ist eine zentrale Eigenschaft und kann über verschiedene Techniken, z.B. über regelmäßiges Achtsamkeitstraining geübt werden.

Selbstführung betrifft auch die Ebene der inneren Haltung, den Glauben an sich und die eigenen Fähigkeiten, aber auch den Respekt vor den anderen und vor dem, was unvorhergesehen passiert, was nicht kalkulierbar und planbar ist. Es braucht eine besondere Fähigkeit, die Dinge zu akzeptieren, wenn wir sie nicht ändern können.

Wer bei hoher Belastung gesund bleiben möchte, tut gut daran, eine Haltung zu entwickeln, die es einem ermöglicht, ruhig und gelassen zu bleiben, sich immer wieder distanzieren zu können, d.h. einen inneren Abstand zur Situation zu nehmen, sich selber mit etwas Abstand und einer guten Portion Humor zu betrachten. Souveränität entsteht durch die Fähigkeit, die Perspektive zu wechseln und nicht vorschnell zu bewerten.

Eine der wichtigsten Fähigkeiten ist es auch, die Dinge nicht immer persönlich zu nehmen. Gerade als Führungskraft ist man mit Druck von allen Seiten konfrontiert. Die übergeordnete Ebene macht einen für die Erfolge und Misserfolge verantwortlich, die nachgeordneten Mitarbeiter richten ihr Leid und ihre Unzufriedenheiten auf einen. Hier bedarf es der Fähigkeit, die empfundene Kritik nicht andauernd zum Anlass für Selbstzweifel zu sehen und den eigenen Selbstwert stabil zu halten. Dazu gehört neben der Fähigkeit zum inneren Abstand auch eine Portion Demut, die uns hilft, nicht jeden Erfolg aber auch nicht jeden Misserfolg allein auf die eigene Fahne zu schreiben.

Wer aber einen unverstellten Blick auf die eigenen Bedürfnisse und die eigenen Grenzen haben möchte, muss sich auch mit den Schatten der Vergangenheit beschäftigen. Wie oft reagieren wir so, als ob wir noch kleine Kinder wären, die um die Liebe und Anerkennung der Eltern kämpfen. Wie viele meinen, sie müssten sich bis weit über ihre Möglichkeiten verausgaben, weil sie sonst keine Existenzberechtigung (in der Firma, in der Familie, im Leben) hätten? Wie häufig werden Gefühle geschluckt und beiseite geschoben, weil man sich schämt, noch „so kindisch“ zu sein? Wie sehr dominiert das Gefühl von Angst und Bedrohung unser Erleben, obwohl die Bedrohung nur im eigenen Kopf stattfindet?
Wir müssen uns also mit dem auseinandersetzen, was uns im Weg steht. Wenn wir gehemmt oder ängstlich, überangepasst oder zu großspurig, zu harmonisch oder zu aggressiv sind, dann hat das seine Wurzeln in unserer eigenen Biographie. Dann sind dort Muster entstanden, die uns in ihren Fesseln festhalten. Welche inneren Antreiber sind am Werk? Welche versteckten Motive, Wünsche und Bedürfnisse melden sich zu Wort? Was hat uns verletzt? Was hindert uns daran, die eigenen Bedürfnisse und Gefühle deutlich wahrzunehmen, was hindert uns daran, klar zu denken? Welche Konflikte sind nicht gelöst und werden deswegen immer von neuem heraufbeschworen? Es gilt, das, was war, zu verarbeiten und die inneren Knoten zu lösen. Hierzu ist es wichtig, sich mit sich selber zu beschäftigen, sich zu erforschen und zu verstehen.
Wer die eigene Vergangenheit annehmen kann und abtrauert, was er Schmerzhaftes erlebt hat, der macht seine Wahrnehmung frei für das, was aktuell wichtig ist.
Selbstmanagement und Selbstführung allein aber verhelfen Führungskräften noch nicht, langfristig für ihre körperliche und seelische Gesundheit zu sorgen.

Selbstfürsorge

Deswegen halten wir die Kompetenz der Selbstfürsorge für unverzichtbar. Selbstfürsorge bedeutet, die eigenen Grundbedürfnisse wahrzunehmen und zu verfolgen, sich immer wieder in Balance zu bringen, eine gute Mischung aus Herausforderungen und Regenerationszeiten zu finden, die eigenen Potenziale zum blühen zu bringen, die eigene Beziehungsfähigkeit am Leben zu erhalten und zu entwickeln und vor allem, die seelischen Belastungen zu verarbeiten, die sich ansonsten aufs Herz legen und einen niederdrücken. Es geht darum, im Leben die richtigen Dinge zu tun. Diejenigen Dinge, die das eigene Leben mit Sinn erfüllen. Man muss den Mut haben, die Prioritäten richtig zu setzen und für sich und die eigenen Interessen einzustehen. Selbstkompetenz bedeutet, für sich selbst die Voraussetzungen für ein gelingendes Leben zu schaffen.

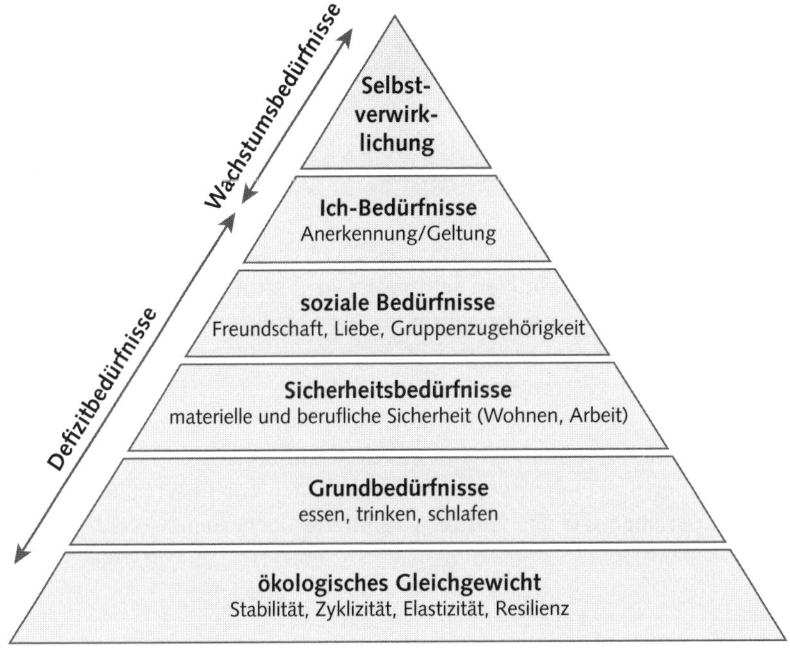

Abb. 7-2 Bedürfnispyramide nach Abraham Harold Maslow (1908–1970)

Jeder steht selbst in der Verantwortung, für das eigene Wohl zu sorgen. Grundbedürfnisse umfassen z.B. so elementare Dinge wie Essen, Trinken, Schlafen (Abb. 7-2). Das ist erwähnenswert, weil manche den ganzen Tag „keine Zeit" haben, in Ruhe etwas zu essen oder gänzlich das Trinken vergessen. Viele schätzen ihr Schlafbedürfnis falsch ein und geben sich mit 4–6 Stunden Nachtruhe zufrieden. Sie merken oft nicht, wie sie langsam aber sicher in eine chronische Übermüdung und Erschöpfung geraten, die sich oft nur mit vermehrtem Kaffeegenuss und Adrenalinstößen kompensieren lassen. Aus schlafmedizinischer Sicht brauchen wir 7–8 Stunden zur tatsächlichen Regeneration.
Unser Bedürfnis nach Kontrolle und Sicherheit hat biologisch einen zentralen Stellenwert. Durch Ungewissheit, Intransparenz und dem Gefühl, ausgeliefert zu sein werden wir in eine andauernde Alarmbereitschaft versetzt, die für uns psychisch und physisch einen Dauerstress bedeutet. Wir wollen wissen, was um uns herum oder mit uns passiert und, wenn möglich, darauf Einfluss nehmen. Die sozialen Bedürfnisse nach Freundschaft, Liebe und Gruppenzugehörigkeit gehören zu den grundlegenden Voraussetzungen für ein gesundes Leben. Das Bindungsbedürfnis ist tief in unseren Genen verankert. Aus einem einzigen Grund: Die Menschheit

hätte ohne den Zusammenhalt in der Gruppe und ohne die feste Bindung in Partnerschaften nie überlebt. Insofern ist die Beziehungsfähigkeit die entscheidende Kompetenz für die seelische Gesundheit, aber eben auch für das Gelingen einer gemeinsamen Sache.

Selbstwert

Das Bedürfnis nach einem stabilen Selbstwert wird erfüllt, wenn wir dafür sorgen, dass unser Handeln wirksam ist und wir etwas erreichen und bewegen können. Je aktiver und erfolgreicher wir uns um die eigenen Grundbedürfnisse kümmern können, um so mehr vertrauen wir uns und den eigenen Fähigkeiten. Wenn wir also erleben, dass unser Verhalten und unsere Wirkung im beruflichen Umfeld und privat meist zu den gewünschten Reaktionen anderer Menschen führt und wir darüber die (über-) lebensnotwendigen Grundlagen für unsere Existenz sichern können, dann erleben wir das Gefühl von innerer Sicherheit.

Selbststeuerungs- oder Selbstregulationsprozesse

Wichtige Impulse kommen aus dem Konzept der Selbststeuerung, die Kuhl (2001) in vier Formen unterteilt:

- **Selbstregulation**
Unter der Selbstregulation von Bedürfnissen und Emotionen wird die Fähigkeit verstanden, eigene Wünsche und Werte wahrzunehmen und entsprechend selbstkongruente Ziele zu bilden, mit denen man sich identifizieren kann (Kuhl u. Fuhrmann 1998). Die Selbstregulation umfasst Kompetenzen wie Selbstbestimmung, Selbstmotivierung und Selbstberuhigung.

- **Selbstkontrolle**
Die Selbstkontrolle beschreibt die Planungsfähigkeit und angstfreie Zielorientierung. Die Kompetenz besteht darin, für das Erreichen von Zielen andere Bedürfnisse zurückstellen zu können, wenn diese mit dem Ziel konkurrieren. Man muss sozusagen Versuchungen widerstehen, um ein gesetztes Ziel zu erreichen.

- **Willensbahnung**
Die Willensbahnung beschreibt die Fähigkeit zur Initiative und das Vermögen, Absichten umzusetzen sowie die Konzentrationsfähigkeit. Wer ständig an noch

unerledigte Ziele denkt, kann sich selber blockieren und die Handlungsenergie verlieren. Auch übergroße Belastung hemmt oder schwächt die Handlungsenergie.

▶ **Selbstzugang**
Wenn negative Affekte die Selbstwahrnehmung und die auf ihr beruhenden Funktionen der Selbstregulation blockieren, findet eine Zugangshemmung zum Selbst statt. Kompetenzen in der Kategorie Selbstzugang umfassen die Fähigkeit, Misserfolge zu bewältigen und sich selbst zu spüren. Das Ausmaß, in welchem eine Lebenssituation und der Gesamtstress den negativen Gefühlszustand erhöhen, bezeichnet Kuhl als Bedrohung. Als Verlust der Selbstregulation unter Bedrohung können etwa Grübeln, Lähmung oder Entfremdung resultieren. Selbsthemmung liegt oft in Verbindung mit einem hohen Ausmaß an Selbstbeherrschung vor.

Das Ziel einer gesunden Entwicklung der Selbststeuerung sollte deshalb ein Gleichgewicht zwischen Selbstregulation und Selbstkontrolle darstellen.

Selbstwirksamkeitserwartung

Wer an sich selber glaubt, also erwartet, selbst etwas bewirken zu können, und die Erfahrung gemacht hat, auch in schwierigen Situationen zurecht zu kommen, hat eine hohe Selbstwirksamkeitserwartung. Voraussetzung ist eine positive Annahme über die eigene Kompetenz und Handlungsfähigkeit. Wer davon ausgeht, dass er Einfluss auf die Situation nehmen kann und daran glaubt, die Dinge verändern zu können, empfindet mehr Selbstvertrauen, Energie und Zuversicht und entwickelt eine größere Ausdauer bei der Bewältigung von Aufgaben Er hat eine niedrigere Anfälligkeit für Angststörungen und Depressionen und mehr Erfolge in der Ausbildung und im Berufsleben. Wer sich selbst annimmt und davon ausgeht, dass er sympathisch ist geht offener und zuversichtlicher auf andere Menschen zu und erntet mit größerer Wahrscheinlichkeit positivere Reaktionen als Menschen, die sehr gehemmt sind.
Selbstwirksamkeitserwartung und die Erfahrungen, die man mit dem eigenen Handeln macht, verstärken sich gegenseitig: Eine hohe Selbstwirksamkeitserwartung führt zu der Selbsteinschätzung von hoher Kompetenz und Leistungsfähigkeit, mit der man sich eher anspruchsvolle, schwierige Herausforderungen sucht. Erfolg führt dann wieder zur Bestätigung bzw. Erhöhung der eigenen Einschätzung. Diesen zirkulären Effekt griffen Locke und Latham (1990) auf und überführten ihn in den so genannten „high performance cycle".
Nach Bandura (1994, 1997) wird die Selbstwirksamkeitserwartung aus folgenden vier Quellen gespeist:

▶ Schwierige Situationen meistern

Wer eine schwierige Situation mit Erfolg meistert, wird auch in Zukunft davon ausgehen, dass er sich vergleichbare Situationen zutraut bzw. grundsätzlich die Zuversicht entwickelt, mit schwierigen Situationen zurecht zu kommen. Entsprechend können Misserfolge dazu führen, an sich selbst zu zweifeln und sich zukünftig schwierige Situationen nicht mehr zuzutrauen. Wer sich durch Misserfolge leicht einschüchtern lässt und in der Folge angstbesetzte Situationen meidet, verstärkt den Zweifel an sich selber. Menschen mit einer hohen Selbstwirksamkeitserwartung können Misserfolge eher gut wegstecken, verfügen also über eine größere Frustrationstoleranz. Erfolge werden nicht den Umständen, sondern der eigenen Aktivität zugeschrieben.

▶ Beobachtung von Vorbildern

Wenn man andere Menschen beobachtet, die sich Situationen zutrauen und sie mit Erfolg bestehen, spornt einen das an, sich selbst auch etwas zuzutrauen. Die eigene Angst wird also relativiert, wenn andere einem einen mutigen Schritt vormachen. Je mehr wir uns mit dem anderen identifizieren, desto stärker ist die Beeinflussung durch das Vorbild.

▶ Soziale Unterstützung

Menschen, denen gut zugeredet wird und denen von anderen zugetraut wird, eine bestimmte Situation zu meistern, strengen sich eher an. Sie glauben mehr an sich selbst, als wenn andere an ihren Fähigkeiten zweifeln. Zugleich ist es wichtig, jemanden nicht unrealistisch zu fordern – das würde bei wiederholtem Misserfolg eher demotivieren.

▶ Physiologische Reaktionen

Die eigenen physiologischen Reaktionen auf eine neue Anforderungssituation sind oft Grundlage unserer Situations- und Selbstwirksamkeitsbewertung. Herzklopfen, Schweißausbrüche, Händezittern, Frösteln und Übelkeit z.B. gehen oft mit emotionalen Reaktionen wie Anspannung oder Angst einher. Wer diese Reaktionen als Schwäche oder Alarmzeichen interpretiert, verstärkt die Angst bis hin zu Panikattacken. Menschen erleben dabei häufig einen Teufelskreis zwischen den Körperreaktionen und ihrer negativen Bewertung, was unter Umständen zu einer völligen Handlungsunfähigkeit führen kann. Wer die körperlichen Reaktionen aber gelassen nimmt und z.B. als notwendiges Lampenfieber interpretiert, bleibt konzentriert und handlungsfähig. Ein Abbau von Stressreaktionen kann Menschen helfen, entspannter an Herausforderungen heranzugehen und sie so besser zu meistern.

Ambiguitätstoleranz

Eine Kompetenz, die wichtiger wird denn je, ist die Fähigkeit, mit Unsicherheiten und Ungewissheit umzugehen und sich nicht frühzeitig auf eine Bewertung festzulegen. Oft erscheint es oberflächlich notwendig, frühzeitig Entscheidungen zu treffen und „Nägel mit Köpfen" zu machen, später stellt sich aber heraus, dass die Entscheidung noch nicht reif war, weil noch nicht genügend Information vorlag oder Unterschiede und Widersprüche noch nicht hinreichend geklärt und berücksichtigt wurden. Mit etwas mehr Ruhe und Zeit, mit mehr Gesprächen und Auseinandersetzung wäre sie vielleicht anders, besser, nachhaltiger ausgefallen. Nicht immer sind schnelle Entscheidungen die besten und es erfordert eine hohe Kompetenz, die Dinge so lange in der Schwebe zu halten, bis tatsächlich ein guter Zeitpunkt gekommen ist, um zu handeln. Diese Unsicherheit auszuhalten, dabei ruhig, konzentriert aber gelassen zu bleiben, erfordert Ambiguitätstoleranz.

Ambiguitätstoleranz beschreibt die Fähigkeit, positive wie negative Aspekte gleichermaßen zu würdigen und nebeneinander stehen zu lassen.

Sie betrifft auch die Bewertung anderer Personen mit der Fähigkeit, die Koexistenz unterschiedlichster Eigenschaften zu akzeptieren, ohne vorschnell und unreflektiert die ganze Person auf- oder abzuwerten. Sie ist die Voraussetzung für die interkulturelle Kompetenz eines Menschen. Im Gegensatz steht das vereinfachte „Schwarz-Weiß-Denken" als Extrem der Ambiguitätsintoleranz. Menschen neigen dazu, mit einfachen und unreflektierten Ideen oder Regelsystemen und einer linearen Denkweise wieder Ordnung und Struktur in ihrem Umfeld herzustellen. Damit verschließt man sich aber vielen Realitätsaspekten und in der Regel auch den differenzierteren Beziehungen zu seinen Mitmenschen. Ambiguitätstoleranz ist die Kompetenz, die es Führungskräften ermöglicht, die Konflikte, die zwischen den unterschiedlichsten Erwartungen, die an ihre Rolle geknüpft werden, auszuhalten und positiv zu gestalten.
Gute Kompetenzen im Umgang mit sich sind im heutigen Berufsleben gerade für Führungskräfte unerlässlich. Nicht allen sind diese Kompetenzen in die Wiege gelegt. Sie können aber sehr wohl entwickelt und vermittelt werden. Allerdings sollte man sich vor durchschaubaren Verhaltenstechniken hüten, die sich durch Wochenendworkshops antrainieren lassen. Vielmehr sollte man die Auseinandersetzung mit den besprochenen Themen als Teil der längerfristigen berufsrelevanten Persönlichkeitsentwicklung verstehen, für die eine Vielzahl von Unterstützungsmöglichkeiten wie Coaching, Supervisionen usw. am Markt angeboten werden.

8 Führung und Mitarbeiterorientierung

Jochen von Wahlert

Neues Führungsverständnis – Grundsätze guter Führung

Die Nachkriegsjahre mit dem Wiederaufbau, die Jahre des Wirtschaftswunders und schließlich der Aufstieg in eine führende Rolle auf dem Weltmarkt, den wir in den letzten 50 Jahren erlebt haben wurde durch Unternehmer, Wirtschaftsführer und Manager geprägt, die ihren Erfolg der meist unübertroffenen technischen Entwicklung der Produkte, der Zuverlässigkeit und Verbindlichkeit der Geschäftsbeziehungen, und dem Sachverstand und Fleiß der an der Produktion beteiligten Mitarbeiter verdanken. Technisches Know-how, Fachwissen und höchste Leistungsbereitschaft gepaart mit Tugenden wie Genauigkeit, Pünktlichkeit und Gründlichkeit zeichnete die Generationen von Führungskräften aus, die mit ungeheurem persönlichen Einsatz unsere Wirtschaft zum Blühen gebracht haben. Allerdings oft auf Kosten der Familien, in denen es eine klare Aufteilung der Rollen gab. Der „Ernährer" war die zentrale Figur, die allerdings meist mehr mit „dem Betrieb verheiratet" war, während die Ehefrau zu Hause dafür sorgte, dass der Mann „den Rücken frei" hatte, die Kinder aufzog und sonntags die weiße Tischdecke auflegte.
Die Zeiten haben sich geändert, die Werte und das Selbstverständnis der Führungskräfte erneuern sich. Immer mehr Frauen streben in Führungspositionen und die familiären Rollen haben sich gewandelt. Vielerorts geblieben sind die Tugenden der Einsatzbereitschaft, der Genauigkeit und der Fähigkeit, persönliche Interessen dem Wohl der Firma unterzuordnen. Geblieben ist auch, dass Menschen sich in erster Linie mit ihrem Fachwissen und -können für Führungspositionen qualifizieren, so dass noch immer viele Chefs ihre besten Sachbearbeiter sind, also die, die im Zweifel die Aufgaben besser und schneller erledigen können als der Mitarbeiter. Der Chef als Coach seiner Mitarbeiter wird zumeist noch so verstanden, dass der Mitarbeiter mit Sachfragen, die er alleine nicht lösen kann zu seinem Vorgesetzten kommt um sich dort Rat abzuholen. Das führt bis heute dazu, dass viele Entscheidungen auf den unteren Ebenen gar nicht getroffen werden (können), sondern regelmäßig nach oben delegiert werden.

Was bedeutet dieser Wandel angesichts der Aufgaben, mit denen wir heute konfrontiert sind? Welche Schlüsse können wir für ein neues Führungsverständnis im Alltag daraus ziehen? Ein modernes Führungsverständnis sieht die Rolle des Vorgesetzten völlig anders und neu. Der Vorgesetzte versteht sich mehr als Berater und Unterstützer, der hilft, für schwierige Aufgaben Lösungsmöglichkeiten zu finden. Mehr als Impulsgeber und Motivator, der die Prozesse und die Rahmenbedingungen so zu gestalten versucht, dass die Mitarbeiter bereit und in der Lage sind, ihre Potenziale für die gemeinsamen Ziel einzusetzen. Mehr als derjenige, der „den Laden zusammenhält" und der den Druck moduliert, so dass Mitarbeiter von ihm nicht erdrückt werden. Mehr als derjenige, der Sorge dafür trägt, dass die Zusammenarbeit funktioniert und es den Mitarbeitern gut geht, sie also dem Betrieb möglichst lange bei guter Gesundheit erhalten bleiben. Zum Beispiel gibt er Spielräume und überlässt die Kontrolle der Arbeitszeiten den Mitarbeitern, die flexibel und unkompliziert auch Aspekte des Alltags und des Privatlebens in ihren Arbeitsalltag integrieren können. Er gibt Korridore vor, die zwar rechts und links begrenzt sind, innerhalb derer aber selbständige und eigenwillige Lösungswege gegangen werden können. Er ermutigt, motiviert, gibt Unterstützung, Zuspruch und Anerkennung. Für diese Aufgaben sind natürlich ganz andere Eigenschaften, Kompetenzen und ein völlig neues Rollenverständnis der Führung erforderlich.
Dieses neue Verständnis soll im Folgenden in einzelnen Facetten beschrieben werden. Im Mittelpunkt, und deswegen auch als erste benannt, steht dabei die Führungsbeziehung, die eine ganz entscheidende Rolle dabei spielt, wie Mitarbeiter die Arbeitsbedingungen bewerten. Die Führungsbeziehung ist extrem wichtig und beeinflusst in hohem Maße das Wohlbefinden, die Stimmung, das Engagement und damit die Arbeitsleistung der nachgeordneten Mitarbeiter.

Führung ist Beziehungsarbeit

Gute Führung gelingt nicht allein durch eine gute Organisation der Arbeit, Führung bedeutet Arbeit an der Beziehung zu den Mitarbeitern. Diese Beziehungen können sehr unterschiedlich gestaltet werden. Entweder folgen sie traditionellen hierarchischen Vorstellungen und werden über Anweisungen und Kontrolle ausgeübt. Oder aber, in unserem heutigen Verständnis, bedeutet Führung – nach Klärung der Ziele und Aufgaben – den Mitarbeitern Hilfe und Unterstützung anzubieten, Orientierung, Rückhalt und die Möglichkeit, Ideen und Anstöße im gemeinsamen Dialog zu entwickeln.
In der Bindungsforschung wird zwischen dem Bindungs- und dem Explorationssystem unterschieden, das wie eine Wippe entweder auf der einen oder auf der anderen Seite aktiv ist. Das Bindungsbedürfnis steht im Wechsel mit dem Erkundungsbedürfnis.

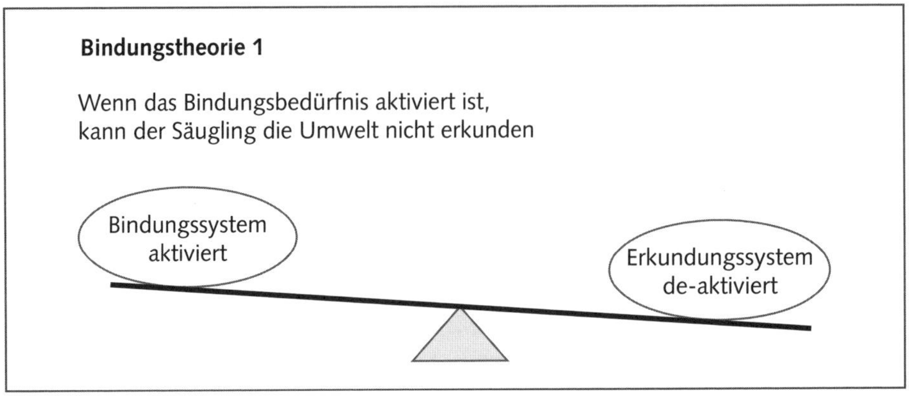

Abb. 8-1 Bindungstheorie 1

Bei Säuglingen ist es so, dass durch Unsicherheit in der Beziehung (das Bindungssystem ist aktiv) die Fähigkeit mit Neugierde und Interesse die Welt zu erkunden und Neues zu lernen (das Erkundungssystem ist inaktiv) erheblich leidet (Abb. 8-1).
Besteht zu der Bezugsperson eine sichere Bindung, dann kann der Säugling die Umwelt erkunden, d.h. er ist offen für Neues, ist mutig, hat Ideen und lässt sich auf Neues ein (Abb. 8-2).
Vielleicht lassen sich die Erkenntnisse aus der Entwicklungspsychologie nicht eins zu eins auf das Verhältnis Vorgesetzter zu Mitarbeiter übertragen, es gibt aber viele Hinweise, dass die Beziehungssicherheit einen sehr großen Einfluss auf die Leistungsfähigkeit und das Wohlbefinden der Mitarbeiter hat. Trotz Fairness,

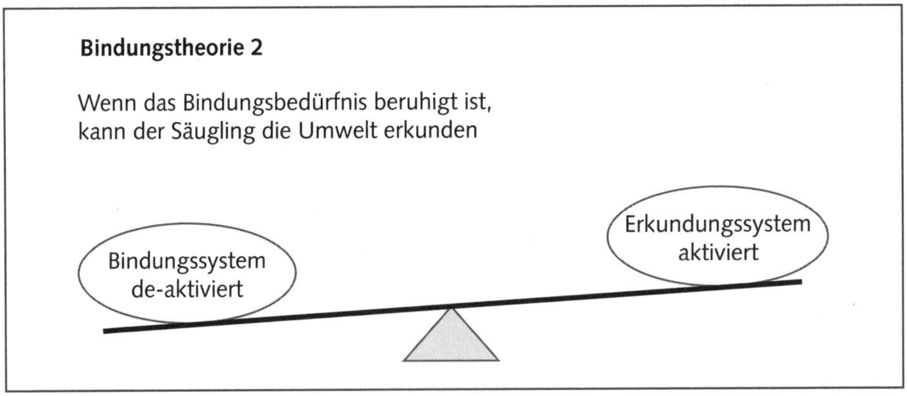

Abb. 8-2 Bindungstheorie 2

Wohlwollen und Respekt geht es dabei nicht um einen Schmusekurs, sondern darum, dass die Mitarbeiter wissen, woran sie sind und auch konstruktive Kritik und Verbesserungsvorschläge zeitnah rückgemeldet bekommen.
Auch die Unsicherheiten und der Druck, der auf der Organisation liegt, muss von Führungskräften zunächst einmal aufgenommen und verarbeitet werden und sollte nur in dem Maß und auf die Art und Weise weiter gegeben werden, wie es für die Bewältigung der Aufgaben sinnvoll ist. Führung bedeutet also unter anderem, soviel Sicherheit in unsicheren Situationen zu vermitteln, dass die Mitarbeiter handlungsfähig bleiben. Denn Angst lähmt, macht unkreativ bis hin zu handlungsunfähig. Wer als Führungskraft Angst verbreitet oder den Druck ungefiltert an die Mitarbeiter weiter gibt, muss damit rechnen, dass sie sich vielleicht anstrengen, darf aber nicht erwarten, dass eine Atmosphäre von Ideenreichtum, offener Kommunikation und leidenschaftlicher Identifikation zwischen den Mitarbeitern entsteht. Kontrolle wirkt auf die Kreativität oft kontraproduktiv.

Führung ist die Fähigkeit, Vertrauen zu schaffen

Mitarbeiter, die für ihren Chef „durchs Feuer gehen" findet man dort, wo Führungskräfte sich fair und respektvoll verhalten und sich ohne wenn und aber „vor die Mannschaft stellen", wenn es drauf ankommt. Beispielsweise sollte man sich nicht durch jede externe Kritik am Verhalten oder an Arbeitsergebnissen von Mitarbeitern in seinem (positiven) Urteil erschüttern lassen, sondern zunächst im Gespräch mit dem Mitarbeiter herausfinden, was die mögliche Ursache für die Missstimmung sein könnte und Kritik offen ansprechen. Es sollte also keine Koalitionen mit externen Beschwerdeführern eingegangen werden ohne zu verstehen, was genau passiert ist. Die Loyalität von Mitarbeitern zu ihrem Unternehmen ist immer auch eine Loyalität zum Vorgesetzten, von dem man spürt, dass er hinter einem steht und den man deswegen auch in schwierigen Zeiten nicht im Stich lassen möchte. Vertrauen ist aber immer ein Geschäft auf Gegenseitigkeit: Wer seinen Mitarbeitern nicht vertraut, der darf auch nicht auf deren Loyalität setzen. Viele dieser Dinge passieren unausgesprochen, da es doch meistens die Taten sind, die zählen. Aber durch regelmäßige Gespräche, in denen nachgefragt und thematisiert wird, was gut und was weniger gut läuft, lässt sich die Führungsbeziehung erheblich verbessern. Dieser sogenannte „Führungsdialog" sollte neben den aktuellen Erfolgen und Problemen auch die mittel- und längerfristigen Entwicklungen thematisieren: Was kommt auf uns zu? Wo wollen wir im nächsten Jahr stehen? Welche Chancen und Möglichkeiten bieten sich? Wie sehen die gegenseitigen Erwartungen aus? Welche Förderung und Unterstützung bräuchte es? Und es sollte Platz zum gegenseitigen Feedback eingeräumt werden. Wichtig ist hierbei die Gegenseitigkeit, um von einem starken hierarchischen Gefälle wegzukommen damit die Menschen sich auf Augenhöhe behandelt fühlen. Außerdem erhält man,

wenn fair und offen nachfragt wird, wertvolle Rückmeldungen, die für die weitere Unternehmensentwicklung hohe Relevanz haben können. Gute Mitarbeitergespräche schaffen eine Atmosphäre, in der auch schwierige Themen zur Sprache kommen können und Kritik geäußert werden darf. Wichtig ist, den Mitarbeitern zu vermitteln, dass sie nicht immer alles schlucken müssen und auch nicht immer einer Meinung mit den Vorgesetzten sein müssen, sondern dass gerade im offenen Dialog über die Schwierigkeiten die Chancen liegen. Hilfreich sind auch Fragen nach der persönlichen Situation um ein besseres Verständnis für die Lage und Reaktionsweisen des Mitarbeiters zu bekommen. Wenn Mitarbeiter spüren, dass man sich für sie interessiert, werden sie sich mehr und engagierter einbringen, als wenn sie anonym wie eines von mehreren Produktionsmitteln behandelt werden. Der Führungsdialog wird natürlich davon geprägt, wie glaubhaft getroffene Aussagen sind und ob sich eine geäußerte Haltung auch im Führungsverhalten wiederfindet.
Sicher förderlich ist ein gutes Maß an Verständnis für die Situation, das Engagement und die Anstrengungen, die ein Mitarbeiter unternimmt, aber auch für Schwierigkeiten, die vielleicht dafür verantwortlich sind, dass die Dinge nicht so laufen wie geplant.
Menschen schöpfen Kraft, Zuversicht und Vertrauen aus einem dialogischen, fairen und wertschätzenden Austausch mit ihrem Vorgesetzten.

Führung bedeutet, Mitarbeiter „zu sehen"

Das menschliche Motivationssystem ist auf soziale Zugehörigkeit und Anerkennung programmiert. Es springt an, wenn man „gesehen wird", d.h. zunächst, dass die Leistungen anerkannt werden, die jeder erbringt. Aber wichtig ist auch, dass das persönliche Engagement und die besondere Note, die ein Mitarbeiter einbringt und dessen Individualität bemerkt wird. Menschen wollen nämlich nicht nur dazu gehören, sie wollen gleichzeitig auch gerne immer etwas aus der Masse herausstechen. Feedback, Ermunterung, konstruktive Kritik, Lob und Anerkennung können sehr viel bewegen. Sparen Sie nicht an Kontakt zu ihren Mitarbeitern sondern intensivieren Sie ihn, wo nur möglich. Menschen sind am Besten über zwischenmenschliche Zuwendung zu motivieren und sind in der Lage, Höchstleistung dafür zu erbringen „gesehen zu werden".

Führung bedeutet, Vorbild zu sein

Wir Menschen sind ständig auf der Suche nach Orientierung. Die Fähigkeit, sich anzupassen ist eine der herausragenden Eigenschaften der meisten Menschen und so richtet sich das Verhalten und das Engagement der Mitarbeiter sehr stark nach dem, was vorgelebt wird. Wenn es „hier so üblich ist", die eigenen Ideen zunächst für sich zu behalten, dann werden sich neue Mitarbeiter danach richten. Wenn jedoch der freie, offene Gedankenaustausch gepflegt wird, fassen jüngere Mitarbeiter eher den Mut, ihre Ideen auszupacken. Wenn der Chef selber einmal einen Fehler zugibt und sich dafür entschuldigt, dann wirkt das kulturprägend für die ganze Firma.

Wer pragmatisch, rational und geerdet mit Problemen umgeht, schützt sich und seine Mitarbeiter vor übermäßigem, unnötigem und schädlichem Perfektionismus. Es gibt hier viele Beispiele, bei denen alle Aufträge, auch die, die nur mal angedacht waren, bis ins perfektionistische Detail ausgearbeitet werden und zu 95 % dann im Papierkorb verschwinden. Trotz dieser Erfahrungswerte halten viele an der Einstellung fest, dass alles im ersten Entwurf schon perfekt sein muss. Zumindest denken die Mitarbeiter, dass dies von ihnen so erwartet wird. Als Führungskraft muss hier aktiv dagegen gesteuert werden, z.B. mit der Bitte, ein Werkstück, ein Produkt, eine Präsentation oder einen Lösungsvorschlag zunächst einmal nur in Rohfassung zu erstellen und noch keine Feinarbeiten oder Hochglanzpolierung vorzunehmen. Erst nachdem die Rohfassung durchgesprochen wurde, sollten die nächsten Bearbeitungsschritte angegangen werden.

Als Führungskraft sollte man auch selber dazu stehen, nicht immer 100 %ige Lösungen anzubieten, sondern den Mut haben, zuzugeben, dass sich auch die eigenen Arbeitsergebnisse noch entwickeln dürfen.

Gelassenheit ist die Fähigkeit, auch in turbulenten Zeiten die Nerven zu behalten. Diese Haltung der Führungskraft überträgt sich auf die Mitarbeiter.

An den Verhaltensweisen, den gelebten Einstellungen und den Werten der Führung orientieren sich die Mitarbeiter. Das gilt auch und insbesondere für den Umgang mit Belastung, Stress, und den Umgang mit Arbeitszeiten.

Die Führungskraft prägt durch ihren Führungsstil entscheidend die Kultur und das Miteinander in Team und Abteilung. Zentrale Elemente dabei sind Anerkennung und Wertschätzung. Ein mitarbeiterorientierter Führungsstil, basierend auf Fairness, Unterstützung, Kooperation und Vertrauen ist besonders geeignet, Stress zu reduzieren. Als Vorbild gibt eine Führungskraft mit dem eigenen Arbeitsstil eine Orientierung. Führungskräfte, die selbst Wert auf eine gesunde Balance zwischen Arbeit und Privatleben legen, d.h. eine Pausenkultur pflegen und Angebote der Gesundheitsförderung wahrnehmen, wirken deshalb im ganzen Team als Promotoren und Vorreiter für Gesundheitsbewusstsein und vernünftigen Umgang mit Stress.

Führung bedeutet, eine klare Rolle wahrzunehmen

„Führen" ist eine komplexe Aufgabe, bei der die Personen (die eigene Person als Führungskraft sowie die Personen der Mitarbeiter und Kollegen), das Wissen und Anwenden von Methoden sowie die Arbeitszusammenhänge (Struktur und

Kultur) berücksichtigt werden müssen. Gerade in Zeiten der Veränderung und der Unsicherheit sind mehr denn je Führungskräfte gefragt, die klar und kongruent ihre Rolle wahrnehmen, spezifische Ziele fokussieren, diese auch deutlich kommunizieren sowie Verbindlichkeiten und Integration herstellen. Es werden Führungskräfte gebraucht, die keine falschen und schnell durchschaubaren Sicherheiten vorspielen, sondern die in der beispielhaften Bewältigung ihrer eigenen Unsicherheiten die notwendige Sicherheit für andere herstellen. Solche Fähigkeiten setzen insbesondere voraus: Klarheit in Bezug auf die vorherrschenden Kontext- und Organisationsbedingungen, Kenntnis geeigneter Führungsmittel und -methoden, einen reflektierten Umgang mit den eigenen Stärken und Schwächen sowie ein hohes Maß an emotionaler Kompetenz und Stabilität.

Führung bedeutet, Bilder einer guten Zukunft zu entwerfen

Was lockt Menschen hinter dem Ofen vor? Wie lassen sich ungeahnte Kräfte mobilisieren? Wann sind wir bereit, uns, ohne auf die Uhr zu schauen, ganz und gar einer Sache zu widmen? Doch dann, wenn unsere Neugierde geweckt, unser Entdeckerdrang gekitzelt, unsere Leidenschaft angestachelt und unsere Sehnsüchte spürbar werden. Bilder einer guten Zukunft zu entwerfen bedeutet, sich möglichst plastisch und lebendig vorstellen zu können, wie sich der (gemeinsame) Weg entwickelt und wo er uns hinführen könnte. Welche Möglichkeiten und Chancen sind in der Aufgabe enthalten, welche Hürden sind zu nehmen, welche Etappenziele zu durchlaufen? Das, was erreicht werden kann, muss von Bedeutung sein, muss den Menschen wichtig sein und sie berühren. Die Bedeutung ist dabei nicht festgelegt und kann für jeden Einzelnen unterschiedlich sein. Während der eine sich durch die Aussicht auf Erfolg und Karriere angespornt fühlt, beinhaltet die Aufgabe für einen anderen die Möglichkeit, etwas zu verwirklichen, woran er glaubt, oder ein Dritter sehnt sich danach, sein Können und seine Fähigkeiten immer mehr zu erweitern. Für den Vierten ist es vielleicht die Situation an sich, nämlich durch die exzellente Zusammenarbeit im Team das Unmögliche möglich zu machen, die ihm eine tiefe Befriedigung verschafft und das Gefühl erzeugt, etwas Sinnvolles zu tun. Wer es schafft, dass Mitarbeiter vor ihrem inneren Auge Bilder einer Zukunft entstehen lassen, in denen sie ihren Sehnsüchten mit Hilfe ihres eigenen Einsatzes näher gekommen sind, der braucht sich um ihr Engagement nicht mehr zu sorgen.

Führung bedeutet, ein Gefühl von Zusammengehörigkeit zu fördern

Ein vernetzter Verstand und gemeinschaftliches Handeln auf Gruppenebene war in der Evolution für uns Menschen der entscheidende Vorteil gegenüber anderen Tieren und spielte damit eine überlebensrelevante Bedeutung (Wilson 2009). Die neurobiologische Forschung hat die Evidenz dafür gefunden, dass „Gemeinsinn und gegenseitige Unterstützung im Kampf ums Dasein deutliche Vorteile“ bietet (Walter 2010, S. 78). Wir wissen also inzwischen um die biologischen Mechanismen, die wirken, wenn Menschen ein Zugehörigkeitsgefühl entwickeln und kooperieren können. Zusammenarbeit, Teamgeist und das Wir-Gefühl gehören also zu unserer hirnphysiologischen Grundausstattung. Menschen empfinden dies als biologisch tief verankerte existenzielle Grundbedürfnisse, die, wenn sie angesprochen werden eine ungeheure Kraft entwickeln können. Gemeinsam ein Problem zu lösen, ein Ziel zu verfolgen, etwas Neues zu entwickeln, das Überleben zu sichern sind also Erfahrungen, die unübertroffen stark auf das Motivationssystem und damit auf die Leistungsbereitschaft und das Wohlbefinden der Belegschaft Einfluss nehmen.

Führung bedeutet, eine gute Fehlerkultur zu etablieren

Das Modell einer „lernenden Organisation“ geht davon aus, dass Systeme sich durch kontinuierliche Verbesserungsprozesse weiterentwickeln, wenn dafür günstige Voraussetzungen geschaffen werden. Eine davon ist die Fähigkeit, konstruktiv mit Fehlern umzugehen und sie zu nutzen um aus ihnen zu lernen (siehe folgender Abschnitt „Führung bedeutet, emotionale Arbeit zu leisten“). Sehr wichtig dabei ist, den Verantwortlichen nicht in seiner Person zu kritisieren, sondern versuchen zu verstehen, warum der Fehler passiert ist. Hilfreich ist, sich Gedanken zu machen, unter welchen Bedingungen zukünftig der Fehler vermieden werden kann und zu versuchen, diese Bedingungen herzustellen. Ein konstruktiver Umgang mit Fehlern schafft Vertrauen und entspannt.

Führung bedeutet, emotionale Arbeit zu leisten

Wir kommen jetzt zu dem Teil des Kapitels, in dem beschrieben wird, was die Führung für den, der führt, selber bedeutet. Führung bedeutet nicht nur viel organisatorische und sachliche, sondern vor allem auch emotionale Arbeit. Unter emotionaler Arbeit verstehen wir, die Belastungen zu tragen, die die Führungsrolle mit sich bringt. Dazu gehört es auszuhalten, dass nicht alle Anforderungen zur Zufriedenheit aller Beteiligten gelöst werden können, die Unzufriedenheit und die Kritik von oben und unten aufzunehmen und konstruktiv damit umzugehen. Dazu gehört auch die Verantwortung zu tragen – zum einen für die Ergebnisse und die Aufgabenstellung, als auch für die Arbeitsituation der Mitarbeiter. Es gilt hier auszubalancieren und ein gutes Maß zu finden. Für die Gesundheit der Mitarbeiter sind die Vorgesetzten direkt verantwortlich.

Führung heißt, Teams zu entwickeln

Eine Führungskraft übernimmt als Teamentwickler die Rolle des Wegbegleiters und Coachs. Er gibt dem Team Orientierung und Hilfestellung, ohne ihm allerdings den Weg abzunehmen. Teamentwicklung bedeutet immer auch Lernen und Veränderung: auf der Ebene der Person, der Gruppe oder auch der Strukturen und Abläufe. Und so muss der Teamentwickler Impulse setzen können, die emotional ausreichend wirksam werden, um Veränderungen auszulösen. Gleichzeitig muss er dem Team ausreichend Sicherheit geben, die Turbulenzen, die mit solchen Prozessen einhergehen, auszuhalten. Er muss in der Lage sein, neben den Sachthemen auch die emotionalen Kräfte in einer Gruppe (Hoffnung, Ärger, Trauer, Enttäuschung, Sehnsucht, Aggression etc.) zu halten und auszuhalten. Hat der Teamentwickler Angst vor diesen Kräften, verhindert er bewusst oder unbewusst jenen Prozess, der im Wortsinn Entwicklung ermöglicht. Die Arbeit bleibt vordergründig-distanziert, die eigentlichen Themen im Schatten zahlreicher Moderationskärtchen verborgen. Teamentwickler brauchen, auch in der unternehmensinternen Arbeit, Fähigkeiten, Fertigkeiten und kognitives Wissen auf der Ebene der Methodenkompetenz (Arbeiten in Gruppen, Interventionstechniken, Coachinggespräche, Moderationstechniken, Konfliktbearbeitung), der Prozesskompetenz (Wahrnehmung sozialer Prozesse, Landkarten und Modelle, um soziale/gruppendynamische Prozesse zu ordnen, besprechbar zu machen und zu gestalten) und der persönlichen Kompetenz (Wahrnehmungsfähigkeit, emotionale Stabilität, Bewusstheit über das eigene Verhalten, Fähigkeit zur Selbstreflexion, frei von reaktivem Verhalten).

Führung ist Selbstführung und Selbstfürsorge

Eigenschaften wie ein gutes Selbstmanagement und Disziplin, die Fähigkeit, sich gut zu motivieren und zu organisieren sind Grundlage für eine erfolgreiche Führung. Der Fokus richtet sich dabei auf die Führung der eigenen Person und die Selbstfürsorge (siehe Kapitel 7). Menschen haben dann eine positive Wirkung auf andere, wenn sie selber in der Lage sind, die eigenen Ziele, Wünsche und Bedürfnisse gut mit den von ihnen übernommenen Aufgaben auszubalancieren. Was kann ich also tun?

Gelassenheit üben: Gelassenheit ist die Kunst, auch in angespannten Situationen Ruhe zu bewahren, die Gefühle, insbesondere die eigene Angst und den Ärger nicht überhand nehmen zu lassen, sondern sich innerlich ein wenig zu distanzieren, durchzuatmen und dann mit kühlem Kopf und klarem Verstand zu reagieren. Hierzu gibt es verschiedene Techniken z.B. Atemübungen, Techniken in der Vorstellung etc. Zur Gelassenheit gehört folgende innere Haltung: Schwierigkeiten sind dazu da, eine Lösung zu finden, je komplizierter um so spannender, „nichts

wird so heiß gegessen, wie es gekocht wird“ und schließlich die Einsicht, dass wir nicht immer alles in der Hand haben, sondern manchmal im Leben darauf setzen müssen, dass sich die Dinge schon irgendwie regeln und dass nicht immer alles gelingen muss.
Warum ist Selbstfürsorge gut für das Unternehmen? Brauchen wir tatsächlich solche Fähigkeiten? Um als Führungskraft erfolgreich zu sein sind Kompetenzen im Umgang mit psychischer Belastung und Stress unverzichtbar. Wer seine Freude und sein Engagement für den Beruf nicht behält, wird Mitarbeiter nicht motivieren können. Es ist von enormer Bedeutung, für das eigene Wohlbefinden zu sorgen und damit beispielhaft mit dem Druck und der Unsicherheit umzugehen, die auf eine Führungskraft ausgeübt wird. Jeder ist selbst dafür verantwortlich, dass seine persönliche Lebensqualität zufriedenstellend hoch ist. So wie sich ein Handwerk lernen lässt, kann man sich auch in der Gestaltung des eigenen Lebens üben.

Führung bedeutet, Ressourcen zu stärken

In einer Veröffentlichung zu Handlungshilfen für Führungskräfte (2011) fordert der BKK Bundesverband Führungskräfte auf, die Problematik von psychischen Erkrankungen der Mitarbeiter als Führungsaufgabe zu verstehen und die psychischen Ressourcen der Mitarbeiter stärker zu aktivieren (Gesundheitsförderung).

Ressourcen (BKK 2011)
Persönliche Ressourcen: Fachliche Qualifikation, das Wissen um persönliche Stärken, das Wissen, wie man körperliche und psychische Gesundheit selbst erhalten und fördern kann.
Soziale Ressourcen: Unterstützung und Wertschätzung im Team und durch die Vorgesetzten.
Organisatorische Ressourcen: Gesundheitsförderliche Unternehmenskultur bedeutet Vertrauen, Transparenz, Beteiligung, eine systematische Personal- und Organisationsentwicklung und mitarbeiterorientierte Führung.

Persönliche Ressourcen auszubauen bedeutet, dass Beschäftigte sich bei Bedarf gezielt weiterbilden können, damit sie die fachlichen und persönlichen Qualifikationen erwerben können, die sie benötigen, um mit den gestellten Aufgaben gut zurecht zu kommen. Wenn Sie die Stärken und Entwicklungsziele ihrer Mitarbeiter kennen, dann können Sie ihnen die Aufgaben passend zum Entwicklungsstand zuordnen sowie Weiterbildung und Weiterentwicklung gezielt anregen. Sorgen Sie dafür, dass Ihr Unternehmen Gesundheitsangebote anbietet und diese nicht belächelt, sondern ernst genommen werden. Tatsächlich können Entspannungstechniken, Rückenschule, Yoga, Stress- und Zeitmanagementkurse ihre Mitarbeiter

dazu anregen, die Belastungen und Bedürfnisse in ihrem Leben besser auszubalancieren. Helfen Sie den Mitarbeitern, die Angebote anzunehmen. Sorgen Sie dafür, dass ihre Mitarbeiter genügend Regenerationszeit haben und respektieren Sie das Leben nach Feierabend. Das kann durch flexible Arbeitszeiten unterstützt werden oder auch dadurch, dass Sie selber darauf achten, nach Feierabend oder am Wochenende keine Mails an Mitarbeiter zu verschicken.
Soziale Ressourcen stärken Sie durch Teambuilding und Förderung der Zusammenarbeit. Sie sollten also eher die Kooperation als die Konkurrenz belohnen. Ein Mentorenprogramm für jüngere Mitarbeiter, die offene Tür für Rückfragen, Raum für gegenseitiges Lernen, Gelegenheiten für informellen Austausch – all das fördert den sozialen Zusammenhalt. Termine für gemeinsame Unternehmungen (Betriebsausflug) oder Feiern (Weihnachten) sollten auch in stressigen Zeiten möglich sein.
Die Ressource Menschen, ihr Leistungsvermögen, Engagement und Motivation stärken Sie durch eine Kultur der gegenseitigen Wertschätzung. Menschen, die für ihre Leistung und ihr Engagement angemessen anerkannt und wertgeschätzt werden, sind gesünder und weniger gestresst als Beschäftigte, die Wertschätzung vermissen. Erweitern Sie Entscheidungsspielräume und übertragen Sie mit den Aufgaben auch Vertrauen an Ihre Mitarbeiter. Wenn Sie die Verantwortung für die Arbeitsabläufe und die Arbeitszeit übertragen und Mitarbeiter mit mehr Autonomie über ihre Tätigkeit bestimmen können, unterstützt dieses das Engagement und die Leistungsbereitschaft. Mitarbeiter haben in der Regel ein sehr gutes Gefühl dafür, an welchen Stellen sie fähig sind, selbstorganisiert zu arbeiten und wann sie Vorgaben von der Führungskraft benötigen, die sie dann auch selber einfordern. Vergeben Sie Aufgaben, aus denen sich der Sinn fürs Ganze ergibt und achten Sie auf genügend Handlungsspielraum. Wenn Ziele formuliert werden, besprechen Sie auch die konkreten Schritte, die dorthin führen und bleiben Sie ansprechbar, wenn es Fragen gibt.

Persönlichkeitsentwicklung

Menschen, die andere führen, müssen in der Lage sein, Sicherheit zu vermitteln – auch und gerade in turbulenten und unsicheren Zeiten. Dazu ist es gut, über Erfahrung zu verfügen und die derzeitige Situation relativieren zu können bzw. Reaktionsweisen und Handlungsoptionen schon einmal durchgespielt zu haben. Vor allem hilft die Erfahrung, schon ähnliche Situationen gemeistert zu haben und die Sicherheit, selbst bei größter Unvorhersagbarkeit einen Weg zu finden. Die Führungskraft sollte versuchen, den Grad an Unvorhersagbarkeit und Unsicherheit zu vermindern und Orientierung geben zu können.

Es hilft, mit sich und anderen menschlich umgehen zu können – abwägend, fair und die eigene Unabhängigkeit wahrend. Dazu gehört die Fähigkeit, immer wieder Distanz zur Tagesproblematik einnehmen zu können, sich von aktuellen Wellen nicht wegreißen zu lassen sondern besonnen die Dinge zu verfolgen, die wichtig sind. Dazu gehört auch eine gewisse Standfestigkeit mit der die eigenen Werte verteidigt werden und die Botschaft, dass Grenzen (der Fairness, der Menschlichkeit, der Ehrlichkeit) auch eingehalten werden.

Zur menschlichen Reife gehört vielleicht auch die Fähigkeit, sich selber etwas zurück zu nehmen und nicht die Eigeninteressen so stark in den Vordergrund treten zu lassen. Dazu gehört die Fähigkeit, die Anerkennung und die Wertschätzung für einen Erfolg an die Mitarbeiter weiter zu geben und nicht alleine sich selber zuzuschreiben.

Gelassen sein und sich nicht über jede Kleinigkeit aufzuregen ist sehr hilfreich. Manchmal allerdings schadet es auch nicht, wenn die Mitarbeiter spüren, wo die eigenen Grenzen denn tatsächlich sind und man sollte vermeiden, allzu glatt und unberührbar zu erscheinen. Mitarbeiter wollen auch spüren wo man steht und für was das eigene Herz schlägt. Dazu gehört dann auch, sich mit der eigenen Freude oder dem eigenen Unmut gelegentlich einzubringen.

Aber Vorsicht, der respektvolle Umgang sollte nie verlassen werden. Nicht zu verletzen ist nicht nur das oberste Prinzip, dem alle Ärzte in ihrem Berufsverständnis folgen, es sollte die Grundhaltung für alle sein, denen Menschen zu Führung anvertraut werden.

Der gerechte und faire Umgang mit Mitarbeitern erfordert Besonnenheit, Klarheit und ein eigenes Empfinden dafür, was in Ordnung ist. Die Selbstwahrnehmung und auch die Gewissensbildung ist hierfür Voraussetzung. Wenn wir ein Arbeitsumfeld anstreben, in denen Menschen sich als solche auch gesehen fühlen, dann müssen gemeinsam getragene Grundwerte des Umgangs miteinander gelten, auf die man sich im Zweifel auch berufen kann.

Klarheit in Entscheidungen mit verlässlichen Aussagen sind wichtig. Dabei müssen Entscheidungen nicht immer begründet werden, weil es oft mehrere Wege gibt, die zu einem Ziel führen oder die sich zumindest dafür anbieten. Die Entscheidung für den einen Weg bedeutet aber, sich gegen einen anderen zu entscheiden. Manchmal mit guten, nachvollziehbaren Gründen, manchmal aber auch nur, weil man es so will und weil eine Entscheidung immer noch besser ist als keine Entscheidung und damit das Verharren in einer lähmenden Position. Man muss als Führungskraft auch in der Lage sein, die Verantwortung für die getroffenen Entscheidungen zu tragen, d.h. auch für die Konsequenzen einzustehen.

Persönlichkeitsentwicklung ist etwas, was das Leben mit sich bringt, wenn wir uns den Aufgaben, die auf uns zukommen stellen. Aber es gibt auch Zeiten, in denen man stecken bleibt und sich verbeißt, in Sackgassen gerät aus denen man alleine nicht herausfindet. Dann sollte man sich Unterstützung gönnen, einen Coach oder einen Therapeuten suchen. Dringend wird dieses, wenn man bereits psychische oder psychosomatische Symptome an sich entdeckt.

Die ausgebrannte Organisation

Wir sehen immer wieder Organisationen, in denen nicht nur Einzelne an Burnout leiden, sondern bei denen das System an sich krankt (Dilk u. Littger 2008). Badura (2010, S. 49) benennt als Ursachen für Organisationspathologien verschiedene Mängel in der Führung:

- Entscheidungsschwäche,
- konfliktbeladene horizontale Beziehungen im Team, z.B. wegen unklarer Ziele,
- Mängel in der Unternehmenskultur,
  - keine gemeinsamen Werte (Söldnermentalität),
  - mangelhaft definierte Arbeitsaufgaben,
  - chronische Überforderung durch zu hoch gesteckte Ziele,
- Mängel in der Qualifikation, z.B. mangelhafte soziale Kompetenz und daraus resultierende Konflikte mit Untergebenen, Gleichgestellten oder Vorgesetzten.

Die Individuen, die an Burnout leiden, sind oft (nur) das Symptom einer Organisation, die systematisch sich und die in ihr arbeitenden Menschen überfordert. Folgende Symptome weisen auf eine „ausgebrannte Organisation" hin:

- Alarmierende Selbstdiagnose: Führungskräfte haben das Gefühl, dass Mitarbeiter in der inneren Kündigung sind und dass deren Engagement, Motivation und Leistungsvermögen nachlässt.
- Kommunikationsprobleme: Es wird nicht richtig miteinander gesprochen. Der Austausch bleibt unbefriedigend, man versteht sich nicht. Die Dinge werden nicht gehört oder nicht beantwortet.
- Informationsdefizite: Die relevanten Informationen fließen nicht, werden nicht aufgenommen oder verstanden.
- Zunehmende Konflikte: Die Umgangsformen sind nicht mehr von Respekt geprägt, Kollegen werten sich gegenseitig ab oder machen sich lustig. Das Desinteresse nimmt zu.
- Sinnhorizonte verengen sich: Das Gefühl der Sinnlosigkeit macht sich breit. Dies ist typisch, wenn Ziele zu hoch oder einseitig auf Gewinnmaximierung ausgerichtet sind.
- Klimawandel: Das Betriebsklima wird depressiver. Man engagiert sich nicht mehr. Es gibt nichts mehr, auf das man sich freut, auf das man stolz ist. Die Menschen suchen nicht mehr den Kontakt untereinander, sondern gehen sich aus dem Weg.

- Hoher Krankenstand
- Abschottung
- Unberechenbarkeit

Wenn eine Führungskraft diese Symptome entdeckt, sollte sie nicht die Verantwortung bei den betroffenen Individuen suchen, sondern die Bedingungen untersuchen, unter denen die Mitarbeiter krank geworden sind. Mit einer guten Vertrauensbasis wird man von seinen Mitarbeitern wertvolle Hinweise bekommen, die die Diagnose des Systems leichter macht. Wenn dieses Vertrauensverhältnis nicht besteht, weil vielleicht die Führung für das Leiden in der Organisation verantwortlich gemacht wird, müssen zuerst vertrauensbildende Maßnahmen eingeleitet werden. Wichtig ist, dass sich die Spitze des Unternehmens ernsthaft mit der Situation beschäftigt und glaubhaft vermitteln kann, dass man für Veränderungen bereit ist. Unter Umständen muss man jemand von Extern engagieren, der den Ist-Zustand aufnimmt und einen Prozess initiiert, der wieder konstruktive Gespräche ermöglicht.

Gesundes Führen

Für die Gesundheit der Mitarbeiter trägt jeder Mitarbeiter für sich selbst aber eben auch der direkte Vorgesetzte besondere Verantwortung. Noch wenig beachtet wird, dass auch die Beziehung zwischen Vorgesetztem und Mitarbeiter eine besondere Relevanz für die Gesundheit hat, eng verbunden mit Förderung, Hilfestellung und Unterstützung. Besonders deutlich wird der Grad der Anerkennung oder Ablehnung, das Ausmaß an Beachtung oder Nicht-Achtung wahrgenommen, das in der Regel als Belohnung oder Bestrafung bei den Mitarbeitern ankommt.
Erforderlich ist ein neuer Typ von Vorgesetztem, der sich direkt um das Wohlbefinden und damit auch um die Motivation und die Arbeitsleistung der Mitarbeiter kümmert. Einen entscheidenden Einfluss hat dabei die Unternehmenskultur, die für die genannten Haltungen den Rücken frei macht. Diese Art der Arbeit erfordert ein verändertes Rollenverständnis, in dem sich der Vorgesetzte mehr als Moderator, Hilfesteller und Unterstützer versteht. Jemand, auf den man zurück greifen kann und der einem hilft, Lösungen zu finden, Konflikte zu klären, Schwierigkeiten zu überwinden. Jemand, der hilft, dass man wieder Mut findet, sich aus mentaler Verengung löst, wieder kreativ nachdenkt und Selbstvertrauen in die eigene Problemlösefähigkeit findet. Jemand der einem hilft, unlösbare Probleme zu identifizieren oder die Ungewissheit, wie es weiter gehen kann, mit einem zusammen aushält.

Inwieweit Führungskräfte Wohlbefinden und Gesundheit ihrer Mitarbeiter und Mitarbeiterinnen beachten, aktiv fördern oder missachten wird auch davon abhängen, ob und wie weit ihr eigenes Verhalten an entsprechenden Zielvorgaben gemessen wird oder ob es nur darum geht, dass bestimmte Mengen- oder Kostenziele erreicht werden.
Dies bedeutet: Als Führungskraft muss man auch mit den eigenen Vorgesetzten sprechen und Bedingungen aushandeln, die fair und akzeptabel sind. Wer selber allein monetäre Ziele verfolgen muss, wird nur schwerlich von seinen Mitarbeitern etwas anderes erwarten. In einer guten Unternehmenskultur können auch Vorgesetzte kritisch angesprochen werden, wenn sie einen mit überzogenen Erwartungen in die Pflicht nehmen wollen, wenn sie kein gutes Vorbild abgeben oder wenn sie an sich selber andere Maßstäbe anlegen als an ihre Mitarbeiter. Jeder muss auch Sorge dafür tragen, dass er von anderen – also auch von seinem Vorgesetzten – gut behandelt wird. Die betriebliche Fürsorgepflicht besteht nicht nur für die Nachgeordneten, sondern auch für einen selber.
Eine gute Gesundheitspolitik im Unternehmen kann die Kontextbedingungen formen, damit Menschen ihre Kompetenzen in der Sorge um die eigenen Grundbedürfnisse auch im Betrieb ausüben können. Hier sind einige beispielhaft genannt (ÖGB 2012):

▶ **Verbesserung der Arbeitsorganisation**
Um herauszufinden, wo die Burnout-Gefährdungen im Betrieb liegen, müssen die Beschäftigten ermuntert werden, offen und ohne Nachteile zu befürchten, Defizite in der Arbeitsorganisation darzulegen.

▶ **Flexible Arbeitszeiten**
Die Zeitwünsche der Beschäftigten zu berücksichtigen, baut Stress und Belastungen ab und erhöht gleichzeitig die Motivation und Arbeitszufriedenheit.

▶ **Arbeitspensum überprüfen, Überstunden abbauen**
Im Rahmen seiner Fürsorgepflicht muss der Arbeitgeber darauf achten, dass das Arbeitspensum nicht zu einer dauerhaften Überlastung führt und Beschäftigte zunehmend „graue" Überstunden leisten. Dies kann nur im Interesse des Arbeitgebers sein, da ständige Überstunden das Leistungsvermögen senken und zu immer mehr Fehlern führen. Das Gleiche gilt, wenn ständig unter Hochdruck gearbeitet werden muss, ohne die biologischen Leistungskurven und menschliche Kapazitätsgrenzen zu beachten.

▶ **Angebote zur sozialen, fachlichen und gesundheitsbezogenen Qualifizierung**
Die Beschäftigten können dabei lernen, Belastungen am Arbeitsplatz bewusster wahrzunehmen, offen darüber zu sprechen und Verbesserungsmaßnahmen

voranzutreiben – eine gute Basis, um Burnout zu unterbrechen oder gar zu vermeiden.

▶ **Hierarchische Strukturen abbauen**
Bürokratische und hierarchische Strukturen begünstigen Burnout, setzen der Kreativität und Motivation immer wieder Grenzen und führen zu Frustrationen. Anstatt übermäßig zu reglementieren und zu kontrollieren, sollten Spielräume angeboten werden, die eigenständiges Denken, Planen und Entscheiden ermöglichen. Das erhöht die Arbeitszufriedenheit und mindert das Risiko von Stress und Burnout.

▶ **Teamprozesse unterstützen und begleiten**
Es ist erwiesen, dass ein gutes Betriebsklima und die Unterstützung durch Vorgesetzte Stress und Burnout mindern. Gerade Burnout-gefährdeten Menschen bedeuten Anerkennung und Wertschätzung sehr viel. Studien belegen, dass subjektiv empfundene Überlastungen mit einem Mangel an (positiver) Rückmeldung und geringer Anerkennung für die Arbeit zusammenhängen. Positiv wirkt sich auch aus, wenn in regelmäßigen Besprechungen Erfolge, aber auch Probleme besprochen werden und versucht wird, ein betriebliches Netzwerk gegenseitiger Hilfe zu installieren.

▶ **Supervision anbieten**
Supervision findet als Methode des Gesundheitsschutzes in den Sozialberufen zunehmend Beachtung, um besser mit berufsbezogenen und individuellen Arbeitsproblemen und Gesundheitsrisiken umgehen zu lernen.

▶ **Mitarbeitergespräche führen, Gespräche anbieten**
Mitarbeitergespräche verbessern nicht nur die Kommunikation zwischen Arbeitgeber und Beschäftigten, sondern wirken arbeitsmotivierend und gesundheitsfördernd. Bei diesen Gesprächen können Arbeitnehmer und Arbeitnehmerinnen ihre Befürchtungen und möglichen Ängste äußern, ohne mit Sanktionen und Nachteilen rechnen zu müssen. Ziel dieser Mitarbeitergespräche ist es, die Beschäftigten zu unterstützen und gemeinsam Ziele zu erarbeiten, die sich verwirklichen lassen.

▶ **Entlastung schaffen**
Emotionale Erschöpfung und geringere Leistungsfähigkeit machen sich in Burnout-Krisen auch im Kundenkontakt bemerkbar. Das kann dem Ruf des Unternehmens schaden. Außerdem kann ein Burnout-Betroffener das Betriebsklima negativ beeinflussen. Diese Probleme sind mit Offenheit und Taktgefühl mit dem Betroffenen zu besprechen. Gemeinsam sollte nach Lösungen gesucht werden:

Möglicherweise bringen die zeitweilige Zuweisung einer anderen Arbeit, ein Kuraufenthalt, ein Stress- und Kompetenztraining oder therapeutische Beratung Entlastung und Hilfe.

▶ **Umstrukturierungen transparent machen**
Soll der Betrieb umstrukturiert werden, ohne dass dies für die Beschäftigten transparent gemacht wird, führt dies i.d.R. zu Stress. Unsicherheit, Angst vor „Freisetzung“ und gestiegene Arbeitsanforderungen können dazu beitragen, dass sich Stress- und Burnout-Symptome verstärken. Werden die Beschäftigen aber an den Prozessen der Umorganisation beteiligt, können diffuse Ängste und Befürchtungen reduziert und auf eine realistische Basis gestellt werden.

Insbesondere bedarf es Problembewusstsein, Handlungsspielräumen, emotionaler Kompetenz und Feingefühl der Vorgesetzten, damit gesundheitsfördernde Arbeitswelten geschaffen werden können, d.h. Arbeitsplätze, die Menschen Schutz vor Gesundheitsgefahren bieten und sie in die Lage versetzen, ihre Fähigkeiten auszuweiten und Selbstvertrauen in Bezug auf ihre gesundheitlichen Belange zu entwickeln.
Gesundes Führen bedeutet, Signale zu geben, dass es in Ordnung ist, dass Mitarbeiter neben ihrem Beruf auch ein Privatleben haben und dafür gesorgt wird, dass Dauerstress beendet wird. Zwischen Zeiten extremer Anspannung muss es immer wieder Erholungszeiten geben, ansonsten blutet die Mannschaft aus. Respektieren Sie das Recht auf Feierabend. Ermuntern Sie Mitarbeiter, die eigenen Grenzen wahrzunehmen und zu verteidigen. Versuchen Sie gezielt, übermäßige Belastungen zu vermeiden und Belastungsspitzen durch Wertschätzung und Anerkennung aufzufangen.

9 Grenzen akzeptieren heißt Stärke gewinnen: Kommunikation, Schnittstellenmanagement und Fehlerkultur

Bernd Sprenger

In Kapitel 3 wurde die historische Dimension der Entwicklung der menschlichen Arbeitskraft beleuchtet. Wenn wir uns diese Entwicklung vor Augen halten, wird deutlich, dass in jeder Phase dieser Entwicklung andere Grenzen eine Rolle gespielt haben – jetzt wollen wir uns mit den Grenzen in der heutigen Arbeitswelt beschäftigen.

Das klingt nicht unbedingt attraktiv, scheint doch die Grenzenlosigkeit (des Wachstums, der Möglichkeiten, des Konsums) zunächst einmal eine sehr reizvolle Vorstellung zu sein.

Immer mehr Unternehmen – und damit die in ihnen Tätigen – sind gezwungen, an die Grenzen der Leistungsfähigkeit zu gehen. Das bringt der Wettbewerb mit sich. Vorteile erringt der, der sich gegenüber dem Mitbewerber durchsetzt. Nun ist es eine Binsenweisheit, dass man einen Motor nicht ständig im roten Drehzahlbereich fahren kann, ohne ihn zu zerstören. Dies gilt um so mehr für die Menschen, die ein Unternehmen ausmachen. Wenn nun gleichzeitig zu dieser Wettbewerbssituation eine Lage am Arbeitsmarkt eintritt, in der ein relativer Mangel an Fach- und Führungskräften in immer mehr Branchen ein ernsthaftes Problem wird, ergibt sich zwangsläufig die Schlussfolgerung, dass das Thema „gesund führen" ein Top-Thema für die oberste Managementebene wird – um der Nachhaltigkeit der eigenen Leistungsfähigkeit willen.

Wir möchten im Folgenden einige Gedanken zur Grenze der Leistungsfähigkeit von Einzelnen und von Unternehmen erörtern und die Idee ausführen, dass gerade die Akzeptanz von Grenzen paradoxerweise dazu führt, diese verschieben zu können.

Individuelle Leistungsgrenzen

Die Beschäftigung mit ausgebrannten Fach- und Führungskräften in den letzten Jahren hat uns gezeigt, dass das Problem praktisch in allen Fällen darin besteht, dass Leistungsgrenzen entweder nicht wahrgenommen oder über lange Zeit systematisch ignoriert wurden.

Ein fundamentales Lebensgesetz ist das der Rhythmizität: Alles Lebendige, jeder Organismus und seine Organe unterliegen einem Rhythmus. Der Herzmuskel zieht sich zusammen und erschlafft wieder, das Gehirn ist wach und schläft, und niemand käme auf die Idee, immer nur einatmen zu wollen. Leute, die ausbrennen, ignorieren diese Rhythmizität ganz häufig, statt sie zu nutzen, und es gilt durchaus als „cool“, wenn so getan wird, als wäre immerwährendes Verbleiben in nur einer Polarität des Rhythmus möglich. Das beginnt bei einzelnen Menschen, die von sich verlangen, immer gleich leistungsfähig, fit und fehlerlos zu sein und geht bis zu der gesellschaftlichen Diskussion darüber, ob es nicht praktisch wäre, die Sonntagsruhe abzuschaffen, damit die allgemeine Geschäftigkeit nie unterbrochen zu werden braucht.

Dieser Zeitgeist verführt dazu, dass Phasen der Entspannung, der Passivität, des Nachdenkens statt des permanenten „Machens“ vernachlässigt werden. Schließlich geht den Betroffenen das Gefühl dafür verloren, welche Rhythmen sie für sich einhalten sollten, damit ihre Leistungsfähigkeit nachhaltig erhalten bleiben kann. Über die Notwendigkeit, die Grundbedürfnisse zu befriedigen, wurde schon gesprochen. Ein weiterer wichtiger Punkt ist der eigene Biorhythmus und der eigene Leistungsrhythmus, und diese sind nun einmal individuell sehr verschieden: Es gibt „Morgenmenschen“ und „Abendmenschen“, es gibt Mittagsschläfer und solche, für die ein Mittagsschlaf das Aus für den Rest des Tages bedeutet. Manche sind kreativ, wenn sie Musik hören, andere haben die besten Ideen beim Joggen usw. Wenn wir in allen Bereichen eine starke Individualisierung mit allen Vor- und Nachteilen erleben, wäre es dann klug, ausgerechnet hier Normung statt Individualität zu verlangen? Ganz im Gegenteil: Je besser jemand seinen eigenen Rhythmus kennt und diesen bestmöglich verwirklicht, desto leistungsstärker ist er.

Hierzu ein Beispiel: In einem zweitägigen Führungsworkshop kam die Frage auf, wer wie lange zusammenhängend Urlaub macht. Es stellte sich heraus, dass es bei den Anwesenden (Führungskräfte der ersten drei Hierarchieebenen eines Unternehmens) eine breite Streuung dessen gab, was für „unbedingt notwendig“ gehalten wurde. Alle argumentierten für ihr persönliches Modell mit „objektiven Notwendigkeiten“. Dabei wurde schnell deutlich, dass es diese keineswegs gab. Die Teilnehmer strickten sich ihre eigene Sinnkonstruktion dessen, was angeblich „unbedingt notwendig“ ist, höchst individuell, ohne sich dessen wirklich bewusst zu sein. Dabei war am Interessantesten, dass diejenigen, die es „unmöglich“ fanden, länger als eine Woche nicht im Büro zu sein, am häufigsten ihre Leistungsgrenzen nicht wahrnahmen. Sie wollten nicht wahrhaben, dass **das Optimum keineswegs identisch ist mit dem Maximum.** Mit anderen Worten: Jemand, der seine Grenzen besser respektiert und z.B. länger am Stück Urlaub macht, kann nicht nur für sich selbst etwas Gutes tun; er nützt auch dem Unternehmen, weil er effektiver arbeiten kann als jemand, der sich jenseits der Grenze einfach nur mehr anstrengt, in dem er z.B. länger arbeitet. In dieser verlängerten Arbeitszeit nimmt die Effizienz deutlich ab. Wer übermüdet ist, schafft in der selben Zeit deutlich weniger als jemand, der genug geschlafen hat. Analoges gilt für die Jahresurlaubszeiten.

Organisationale Leistungsgrenzen

In der Praxis von Unternehmen ist häufig zu beobachten, dass viel zu wenig Energie für nachhaltiges Nachdenken und Planen aufgewandt wird. Man wurstelt sich (meist ziemlich hektisch) durch den Alltag, strategische Überlegungen werden erst angestellt, wenn irgendetwas ziemlich schief läuft, statt in den Phasen, in denen es gut läuft. Es geht uns dabei hier nicht um die Frage, ob ein Unternehmen einen Strategievorstand hat oder nicht, der sich hauptberuflich um strategische Fragen kümmert. Sondern es geht darum, dass auf jeder Hierarchieebene ein gewisses Maß an „Metakognition" notwendig ist (also Nachdenken darüber, *wie* man etwas macht – insbesondere wenn dieses „Machen" selbstverständliche Praxis ist), um den sich schnell verändernden Prozessen gerecht zu werden, deren Teil man einerseits als Unternehmen oder Abteilung ist und die man andererseits auch gestaltet – ob das nun reflektiert geschieht oder nicht.

Wir erleben regelmäßig, dass Leistungsgrenzen der Organisation bei strategischen Planungen bzw. organisationalen Umstrukturierungen oft völlig ignoriert werden. Es werden gute Pläne geschmiedet (zur Eroberung neuer Märkte, zur Einsparung von Kosten, zur Lancierung eines neuen Produkts usw.). Über Probleme der Leistungsgrenzen der eigenen Organisation wird dann erst nachgedacht, wenn die Grenze erreicht ist und der Plan sich nicht so umsetzen lässt, wie er auf dem Papier steht.

Und dann beginnt das große Improvisieren, was in der Regel heftige Folgekosten nach sich zieht, mit denen niemand gerechnet hat. Das sind finanzielle Kosten und Kosten im Bereich des Sozialkapitals, weil viele durchaus willige Mitarbeiterinnen und Mitarbeiter sich in die innere Emigration zurückziehen, wenn sie merken, das Grenzen systematisch nicht beachtet werden. Ein besonders häufiges Phänomen ist dabei die „Vernachlässigung der letzten drei Meter", wie wir das nennen: da werden großartige Projekte geplant, abgestimmt und über die Ressourcen, die gebraucht werden, nachgedacht – und dann wird eine Kleinigkeit, die aber entscheidend ist, vergessen oder vernachlässigt. Es nützt beispielsweise nichts, großartige Events zu planen, wenn es keine Parkmöglichkeiten vor Ort gibt und die potenziellen Teilnehmer des Events keine Möglichkeit haben, vernünftig an den Ort des Geschehens zu kommen.

> Ein mittelständisches bayerisches Unternehmen, sehr erfolgreich in einem spezialisierten Marktsegment des Maschinenbaus, verfügt über eine ganze Reihe sehr kreativer und motivierter Ingenieure, die in ihrem Segment zu den besten Tüftlern weltweit gehören. Das Topmanagement sieht große Expansionschancen in asiatischen Märkten und plant zwei neue Standorte in Südostasien und in China. Gleichzeitig sind die Tüftler dabei, ein neues Gerät zu entwickeln, das man in der Welt so noch nicht kennt. Die Begeisterung sowohl bei der Geschäftsführung (über die Chancen der Expansion) wie bei den Ingenieuren (über das pfiffige neue Produkt) ist groß und man lässt sich von der Begeisterung tragen. Nach einer gewissen Zeit tauchen typische „Probleme der letzten drei Meter" auf: die Niederlassungsgründungen in Asien sehen sich einer unerwartet großen Zahl bürokratischer Probleme gegenüber. Gleichzeitig klagen die Ingenieure mehr personelle und finanzielle Ressourcen ein, um ihr Projekt vollenden zu können. Statt auf die drohende „Überhitzung des Kessels" zu reagieren, wird die ganze Firma nach dem Motto „da müssen wir jetzt durch" geführt. Zwei entscheidende Leute erkranken und fallen aus, und es kommt zu einem Zwangsstop – und zwar sowohl der geographischen Expansionspläne als auch der Produktentwicklung. Möglicherweise wäre diese Überhitzung, die zur Erkrankung zweier wichtiger Leistungsträger führte, durch eine sorgfältigere Reflexion der Grenzen der eigenen Leistungsfähigkeit während des Expansions- bzw. Entwicklungsprozesses vermeidbar gewesen – jetzt erfolgt dieses Nachdenken zwangsweise nachdem das Kind in den Brunnen gefallen ist. Die Steuerungsfähigkeit ist dem Unternehmen entglitten, jetzt kann nur noch reagiert werden.

Solche Situationen gibt es auch bei sorgfältiger Berücksichtigung von Grenzen noch genügend – aber was man davon vermeiden kann, das sollte man auch vermeiden.
Auf Seiten der Führungskräfte begegnet uns angesichts solcher Beispiele häufig das Argument, dass, wenn man die Reflexion über Grenzen zulasse, eine Initiative nie zum Erfolg führen werde. Häufig wird dieses Argument mit abwertenden Bemerkungen über die „ewigen Bedenkenträger" in der eigenen Organisation garniert. Es erscheint so, als gäbe es eine gelegentlich tiefe Unfähigkeit, in „Sowohl-als-auch"-Kategorien zu denken; dabei wäre das genau das, was gebraucht wird: Gesunde Führung heißt, „Entweder-oder"-Argumente durch ein „Sowohl-

als-auch“-Denken zu ersetzen. Statt „entweder wir bündeln jetzt alle Kräfte und schauen nur nach vorn, oder wir lassen‘s gleich ganz“ sollte treten: „Wir werden das Projekt xy stemmen, und das wird eine große Anstrengung für uns bedeuten. Aber wir werden gleichzeitig dabei zu jedem Zeitpunkt sorgfältig darauf achten, die Grenzen der Leistungsfähigkeit nicht so zu überschreiten, dass der Erfolg gefährdet sein könnte“.
Wer so führen will, setzt Grenzen als relevante Variablen von Anfang an in die Rechnung ein, und fährt damit in der Regel besser, als wenn er so tut, als wären Grenzen irrelevant.

Kommunikation

Wie bereits in Kapitel 5 ausgeführt, ist gelingende Kommunikation eine wichtige Größe für den Erfolg, daher möchten wir hier die wichtigsten Regeln und Werkzeuge erwähnen. Es gibt drei wichtige Kommunikationsregeln:

▶ **Kommunikation findet nicht nur auf einem Kanal statt**
Der verbale Kanal macht z.B. nur einen geringen Prozentsatz menschlicher Kommunikation aus Kommunikation findet auf ganz verschiedenen Kanälen der Gestik und Mimik, aber auch des Tonfalls statt. Nicht unerheblich ist auch der Status, der an einer Kommunikation Beteiligten bzw. die Beziehung der beiden zueinander. Der wörtlich gleiche Satz kann etwas anderes bedeuten, wenn er unter Menschen gleicher Hierarchieebene fällt, als wenn ihn ein Vorgesetzter zu einem nachgeordneten Mitarbeiter sagt. Beispiel: Wenn ein Kollege den anderen um 18:30 Uhr auf dem Flur in Hut und Mantel trifft und sagt: „Na, haben Sie heute Ihren freien Nachmittag?“ ist die Wahrscheinlichkeit groß, dass der Angesprochene diesen Satz als den ironischen Scherz auffasst, als der er gemeint ist. Wenn in der gleichen Szene der Sprecher ein Vorgesetzter ist, kann es leicht passieren, dass der Angesprochene sich ernsthaft kritisiert fühlt, er arbeite zu wenig.

▶ **Der Empfänger der Botschaft gibt dieser einen Sinn**
An dem oben beschriebenen Beispiel kann man dieses zweite Kommunikationsgesetz erläutern, das im Alltag oft missachtet wird: Der Empfänger der Botschaft gibt dieser einen Sinn. Der Erfolg oder Misserfolg einer Kommunikation hängt davon ab, wie der Empfänger die Botschaft versteht.

Vor vielen Jahren hatte ich im arabischen Kulturkreis an einer Verhandlung teilzunehmen. An der Besprechung nahmen 5 Herren teil, wir zwei Europäer und drei Sudanesen. Ich setzte mich auf den (für uns zu niedrigen) Sitz und schlug ein Bein über das andere, wodurch meine Schuhsohle in Richtung des links von mir sitzenden arabischen Verhandlungspartners wies. Dieser wurde, aus mir unerklärlichen Gründen, immer aggressiver und feindseliger, was ich nicht verstand, weil es aus dem Inhalt der Verhandlung dafür keinen nachvollziehbar herzuleitenden Grund gab.

Was war passiert? Ich wusste damals noch nicht, dass das Zeigen der Schuhsohle in diesem Kulturkreis als starke Beleidigung aufgefasst wird. Mit anderen Worten: Ich sendete ein kommunikatives Signal von hoher Bedeutung aus, ohne mir dessen bewusst zu sein. Der Empfänger jedoch fing das Signal auf und reagierte entsprechend der Bedeutung dieses kommunikativen Signals für ihn. Man kann sich vorstellen, dass dieser kommunikative Unfall die damaligen Verhandlungen inhaltlich nicht erleichterte.

Es nützt dabei gar nichts, wenn jemand seinen guten Willen beteuert. Viel hilfreicher wäre, eine Kommunikationsform zu wählen, die sicherstellt, dass die abgesendete Botschaft auch vom Empfänger so verstanden wird, wie der Sender sie gemeint hat. Dazu gibt es Instrumente.

▶ Redundanz und kontrollierter Dialog

In sicherheitsrelevanten Bereichen, z.B. in einem Flugzeugcockpit, sind systematische Kommunikationsredundanzen vorgeschrieben: z.B. äußert der Pilot eine Anweisung, die der Co-Pilot laut und deutlich wiederholt; er gibt damit zu verstehen, dass er genau das gehört hat, was der andere gesagt hat. Solche Formen des so genannten „kontrollierten Dialogs" können sehr hilfreich sein, um Missverständnisse zu vermeiden. Dem dienen auch Zusammenfassungen während eines Meetings: Man wiederholt noch einmal den Stand der Diskussion und gibt den Beteiligten dadurch die Möglichkeit, festzustellen, ob etwas missverstanden wurde. Man sollte sich durchaus öfter einmal vergewissern, was der Andere verstanden hat, bevor man sich wundert, warum etwas nicht geschieht und verärgert feststellt: „Ich habe doch laut und deutlich gesagt, dass ..."

Abbildung 9-1 zeigt ein Beispiel eines typischen Kommunikationsproblems entlang eines Statusgefälles. Der Chef erkundigt sich mit einer Sachfrage nach dem Stand des Projektes, und er tut dies in mürrischem Ton, weil er schlecht geschlafen hat. Die Mitarbeiterin reagiert mehr auf den Ton als auf den Inhalt und nimmt eine Botschaft war, die so gar nicht gemeint gewesen ist. Die Erhöhung des Distress auf beiden Seiten ist vorprogrammiert.

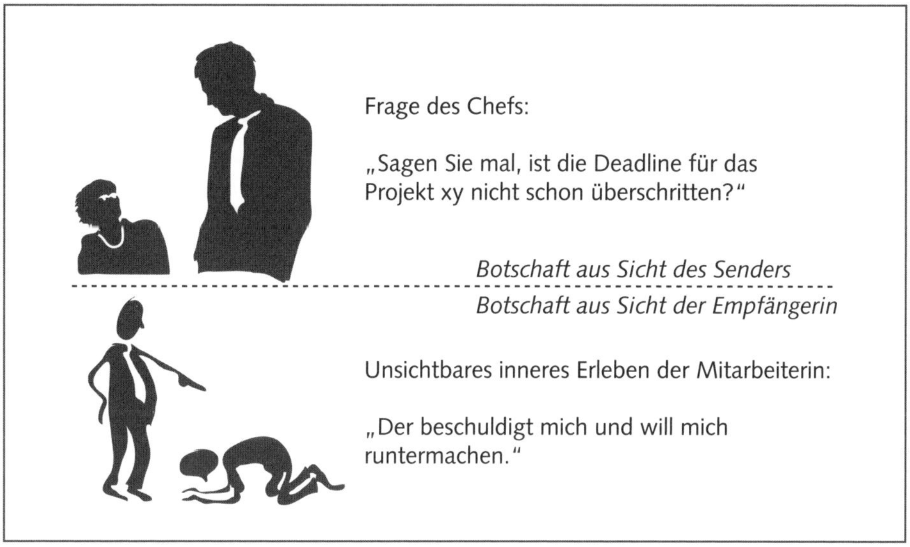

Abb. 9-1 Kommunikationsproblem entlang eines Statusgefälles

Diese Gesetzmäßigkeiten der Kommunikation bilden ein besonders schönes Beispiel dafür, dass man als Führungskraft gar nicht drum herum kommt, seine Mitarbeiterinnen und Mitarbeiter individuell zu führen und „mitzunehmen", vor allem, wenn einem daran gelegen ist, deren Kreativität und Leistungskraft zu erhalten.

Schnittstellenmanagement

Wenn wir die Individualität der Beteiligten nicht nur als gegeben akzeptieren, sondern sie sogar nach Kräften fördern, setzen wir zwei Erkenntnisse in die Praxis des Unternehmens um. Erstens, die schon erwähnte Notwendigkeit, auf individuelle Rhythmen zu achten und zweitens, die abgesicherte Erkenntnis, dass Menschen um so leistungsfähiger sind, je mehr sie Aufgaben auf ihre eigene Weise erledigen können. Das bedeutet für Führungskräfte: Geben Sie Ziele vor, aber machen Sie möglichst wenig Vorschriften, wie das jeweilige Ziel erreicht werden soll, sondern erlauben Sie den Ausführungsverantwortlichen, ihren Weg zu gehen – auch dann, wenn Sie selbst die entsprechende Aufgabe ganz anders lösen würden.
Wenn wir die Individualität dahingehend ernst nehmen, dass wir allen Projektbeteiligten erlauben, möglichst in ihrem eigenen Rhythmus zu arbeiten, ist hohe

Aufmerksamkeit für die Schnittstellenproblematik notwendig. Das beginnt ganz schlicht schon da, wo man gemeinsame Termine zur Abstimmung finden muss und endet bei der Kommunikation innerhalb eines Arbeitsteams, für die sichergestellt werden muss, dass sie so eindeutig ist, dass alle Beteiligten dasselbe meinen, wenn über einen Ablauf, ein Ziel, eine Vorgehensweise gesprochen wird. Das klingt wie eine Selbstverständlichkeit. Die Erfahrung zeigt jedoch, dass hier sehr häufig Fehler passieren, die manchmal noch dazu viel zu spät bemerkt werden. Beim Schnittstellenmanagement empfiehlt es sich, genau darüber nachzudenken, wer sich wie oft mit wem worüber austauschen muss und Besprechungszeiten entsprechend zu organisieren. Zwei Fehler finden sich häufig. Zum Einen die Organisation zu vieler Meetings mit zu vielen Teilnehmern. Dummerweise gilt die Regel: Besprechungszeiten werden immer gefüllt. Wenn diese Zeiten zu großzügig angelegt sind, fehlt die Zeit woanders, und die Meetings gewinnen keineswegs an Effektivität. Bei zu vielen Teilnehmern werden Ziele oft nicht erreicht, weil man sich buchstäblich „verplaudert". Bis jeder der Anwesenden sich auch nur einmal geäußert hat, ist die eingeplante Zeit vorbei.

Der andere Fehler ist die Reduktion der Schnittstellen bis zu einem Punkt, wo nicht mehr menschlich, sondern „maschinell" kommuniziert wird. Es werden nur noch bloße Fakten ausgetauscht. Jede differenzierte Mitteilung, die emotionale Bewertungen und intuitive Größen mit einschließt, kommt zu kurz. Wir kommunizieren dann, als würden wir verbale E-Mails austauschen, in dem Bestreben, möglichst nicht zu viel tippen zu müssen.

In der Praxis hat es sich bewährt, Schnittstellen semistrukturiert zu organisieren. So kann man z.B. zu Beginn einer Teamsitzung eine 10-minütige „Chaosphase" anberaumen. Dabei ist für alle Beteiligten zwar Anwesenheitspflicht, aber es gibt keinen strukturierten oder moderierten Diskussionsprozess. Statt dessen können alle Teilnehmenden herumgehen und Dinge besprechen, die in bilateralen Gesprächen oder zu dritt zu erledigen sind. Die „Chaosphase" ist von einer genau definierten Dauer, deren Ende z.B. mit einem Gong angezeigt wird. Es hat sich gezeigt, dass sich in einer solchen Phase viel Information, die nur für einige Teilnehmer von Bedeutung ist, ausgetauscht werden kann. Zweier- und Dreiergruppen, die ein bestimmtes Detail besprechen müssen, finden sich zusammen, und innerhalb von zehn Minuten ist sehr viel mehr an Informationsaustausch möglich, als wenn man alle besprochenen Punkte für die strenger strukturierte Teambesprechung aufheben würde, wo notwendigerweise nur ein Punkt nach dem anderen besprochen werden kann und zudem bei vielen Punkten die Anwesenheit aller gar nicht erforderlich wäre. Der serielle Kommunikationsablauf einer Teambesprechung wird zeitweise in eine Struktur umgewandelt, die paralleler Informationsverarbeitung entspricht.

Der Umgang mit Fehlern

Mit der Komplexität von Aufgaben nehmen die Möglichkeiten von Fehlern zu – und zwar leider nicht linear, sondern exponentiell. Das heißt, je mehr Faktoren bei einem gegebenen Projekt eine Rolle spielen, desto größer ist die Zahl der möglichen Fehler. Und mit jedem Faktor, der dazukommt, potenziert sich diese Zahl. Jedem, der schon einmal mit der Einführung oder Umstellung eines elektronischen Informationssystems im Unternehmen befasst war, ist dies vertraut: Es ist praktisch unmöglich, ein IT-System zu implementieren, das von Anfang an fehlerfrei läuft.
Neben dem Management der Schnittstellen ist das Thema „Umgang mit Fehlern" ein wichtiger Punkt, wenn wir über den Umgang mit Grenzen sprechen. Relevant ist dieses Thema aus zwei Gründen. Für den einzelnen Mitarbeiter führt es zu einer angstvollen bis krampfhaften Haltung, wenn so getan wird, als wären Fehler immer zu vermeiden und führt zu der Versuchung, dass begangene Fehler eher vertuscht als beseitigt werden. Außerdem verhindert diese angstvolle Haltung, dass aus Fehlern gelernt wird. Für das Unternehmen ist das Thema relevant, weil Fehler um so weniger schmerzhaft und kostenintensiv sind, je früher sie erkannt werden. Jede Führungskraft kennt den Moment des Erschreckens, wenn er oder sie zu spät mitbekommt, dass etwas schief gelaufen ist.
Eine wirklich gute Fehlerkultur gibt es nur in den wenigsten Unternehmen. Unter „Fehlerkultur" verstehen wir ein systematisches Verfahren, bei dem aus begangenen Fehlern gelernt wird. Dies funktioniert nur, wenn Konsens über zwei Dinge besteht:

Fehler passieren überall, wo gearbeitet wird.
Derjenige ist wirklich gut, der nicht Fehlerlosigkeit vortäuscht, sondern Fehler zum Lernen nutzt.

Wenn man dieses Thema bei der direkten Arbeit mit Führungskräften anspricht, kommt häufig: „Ja sollen wir die Leute jetzt auch noch ermuntern, schlampig zu sein? Es passiert doch sowieso schon genug. Wenn man jetzt noch sagt, dass Fehler dazugehören, wird noch mehr passieren!"
Es ist dies psychologisch die gleiche Reaktion wie die, die man häufig erhält, wenn man über Rhythmizität spricht und die Befürchtung erntet, dass man gleich ganz erfolglos werde, wenn man nur in der Daueranstrengung einmal nachließe. Tatsächlich passiert genau das Gegenteil: Wenn eine gute Fehlerkultur etabliert ist, passieren weniger Fehler, weil diese nicht individuell verdrängt oder organisational vertuscht werden, sondern tatsächlich ein wichtiges Werkzeug für die Entwicklung von Exzellenz werden.

Eine solche Kultur kann man etablieren, indem man z.B. regelmäßig einen Soll/ Ist Abgleich (von geplanten Prozessen bis hin zu Unternehmenszielen) unter dem Aspekt vornimmt, welche Fehler genau wo passiert sind, sobald es eine bemerkenswerte Abweichung des Ist vom Soll gibt. Das können Fehler in der Einschätzung bestimmter äußerer Gegebenheiten, z.B. der relevanten Märkte oder Fehler bei der Planung oder bei der Einschätzung innerer Gegebenheiten, z. B des eigenen Sozialkapitals, sein. Wenn man beispielsweise die Motivation, die Loyalität und den Zusammenhalt der eigenen Mitarbeiter falsch einschätzt, ist dies ein gravierender Fehler, den man tunlichst korrigieren sollte. Wichtig ist bei der Etablierung einer Fehlerkultur, dass es nicht unbemerkt zu einer „Kultur der Beschuldigung" kommt. Niemand macht gerne Fehler oder gesteht diese gar noch ein. Daher bedarf es einer aktiven Anstrengung der Führungskräfte, um hier eine „Kultur" zu etablieren. Im Grunde geht es um nichts geringeres als die institutionelle Verankerung eines Paradoxons: Um der Exzellenz willen beschäftigen wir uns mit den Fehlern, die uns unterlaufen.
Ein gutes Beispiel für eine systematische traditionelle Fehlerkultur finden wir in der Medizin. Die postmortale Leichenöffnung mit dem Ziel, die Todesursachen genauer zu verstehen, führten zu dem Leitspruch „Mortui vivos docent" (die Toten lehren die Lebenden), der in manchem Pathologiesaal an der Wand steht. Hier wurde schon früh konsequent das Ziel verfolgt, gerade aus Befunden, die übersehen wurden oder aus welchen Gründen auch immer nicht diagnostiziert werden konnten, für den nächsten ähnlich gelagerten Fall zu lernen.
Eine weitere systematische Möglichkeit, eine gute Fehlerkultur zu etablieren, ist die Critical Incident Methode. Hier werden Personen (interne – also Mitarbeiter – und externe – also Kunden) gebeten, besonders positive oder besonders negative Ereignisse („critical incidents") im Zusammenhang mit dem Unternehmen, der Abteilung oder der Dienstleistung, um die es geht, (anonymisiert) zu berichten. Diese Berichte werden dann systematisch mit den Beteiligten zusammen ausgewertet, mit dem Ziel, den jeweiligen Prozess zu verbessern.
Eine der wirkungsvollsten Entwicklungsabteilungen der Weltgeschichte, die biologische Evolution, kann uns ein Vorbild für eine gute Fehlerkultur sein. Ohne Fehler in der Ablesung des genetischen Codes von einer Generation zur anderen oder Störungen dieses Codes durch kritische Ereignisse (Mutationen) wäre eine Höherentwicklung des Lebens nicht denkbar gewesen.
Die wichtigste Voraussetzung bei der Implementierung einer Fehlerkultur, die diesen Namen verdient, ist allerdings keine methodisch-technische, sondern eine psychologische. Es muss ein angstfreies Klima im Unternehmen herrschen. Und dieses kann man nicht „von oben verordnen". Hier kommt wieder dem konkreten Führungsverhalten der leitenden Personen im Unternehmen die entscheidende Bedeutung zu. Konkret kommt es unserer Erfahrung nach dabei wesentlich mehr auf die innere Haltung der Führungskräfte und auf die tatsächlich im All-

tag gezeigten Umgangsformen an als auf „Managementtechniken“ welcher Art auch immer.

Das tägliche „Zuviel“

Der Umgang mit dem täglichen „Zuviel“ wird vielerorts einfach nur durch „noch mehr anstrengen, noch schneller arbeiten“ beantwortet – eine relativ sichere Strategie, um früher oder später in den Burnout zu geraten. Was ist der Ausweg? Es gibt drei Punkte, die zu beachten sind.

Sorgfältiges Zeitmanagement

Vielbeschäftigte neigen dazu, beim Zeitmanagement nicht wirklich präzise vorzugehen und sich z.B. weniger Zeit für etwas einzuplanen, als tatsächlich benötigt wird. Es sind hier nicht die immer einmal vorkommenden unerwartenden Verlängerungen einer Besprechung gemeint, weil neue wichtige Aspekte auftauchen, die man nicht bedacht hat – das ist sicherlich unvermeidlich. Gemeint sind die systematischen Fehler beim Zeitmanagement. Wenn z.B. nicht berücksichtigt wird, dass Telefonate Zeit benötigen oder dass man zwischen zwei Terminen vielleicht auch einmal zur Toilette gehen muss. Fast jeder, der über Zeitnot klagt, kennt eine oder mehrere solcher kleiner Selbstbetrügereien.
Der zweithäufigste Fehler ist, wenn nicht berücksichtigt wird, dass Zeit auch verschiedene Qualitäten hat. Wenn man z.B. kreativ arbeiten muss, weil man über eine strategische Planung nachdenken will, kann man das in der Regel nur schlecht „auf Befehl“ in den zehn Minuten zwischen zwei Routineterminen. Man muss hier mehr Zeit einplanen, in der der Geist frei ist von der täglichen Taktung. Sorgfältiges Zeitmanagement erfordert eine gute Kenntnis der individuellen Optimierungsstrategien: Ist jemand ein Morgen- oder ein Abendtyp? Verbessert ein kurzer Mittagsschlaf das Wohlbefinden und die Leistungsfähigkeit oder verschlechtert er sie sogar? Welche Rhythmen unterschiedlicher Tätigkeiten sind optimal: Wechsel von Meeting/Schreibtischarbeit/Reisen oder möglichst erst die eine Kategorie von Tätigkeit und dann die andere? Wie viel unstrukturierte Zeit ist notwendig, damit jemand kreativ (z.B. beim Lösen komplexer Probleme) sein kann?
In dem oben erwähnten Beispiel der Führungskräfte, die behaupten, sie könnten nur eine Woche am Stück Urlaub nehmen, stellte sich heraus, dass es sich dabei auch um einen klassischen Zeitmanagementfehler in der Langzeitplanung handelte. Sie planten ihren Urlaub nicht ein sondern warteten bis „einmal nicht so viel los ist, dass ich Urlaub nehmen kann“, wie einer sagte. Das führte fast zwangs-

läufig dazu, dass diese Lücke im Zeitplan „von selbst“ nie entstand, weil immer „viel los“ ist. Diejenigen, die den Urlaub ernsthaft und rechtzeitig vorausplanen, können die Zeit ihrer Abwesenheit erheblich besser vororganisieren, und siehe da, das klappt wunderbar.
Wenn man sich diese Fragen nach dem Zeitmanagement einmal konkret und bezogen auf die eigenen Aufgaben und Zeitfenster vorlegt, kann man sich am Besten des Gefühls erwehren, man sei immer von den äußeren Umständen gehetzt und kann selbst wieder das Heft des Handelns in die Hand nehmen.

Priorisierung

Natürlich kann man seine Zeit nur dann gut einteilen, wenn man ebenso sorgfältig priorisiert. Viele Manager, die im Burnout-Modus laufen, berichten, dass sie immer größere Schwierigkeiten haben, die Fülle der täglichen Aufgaben zu strukturieren. Diese Strukturierung ist aber eine pro-aktive Tätigkeit, die jeden Tag auf‘s Neue bewusst vorgenommen werden muss. Dazu gehört die Unterscheidung von „dringend“ und „wichtig“: Häufig bleiben die wichtigen (strategischen) Dinge liegen, weil die dringenden (des Tagesgeschäfts) alle Zeit und Energie auffressen. Nur wer hier aktiv Prioritäten setzt und „ja“ und „nein“ sagt zu Anfragen, hat eine Chance, auf dem Fahrersitz zu bleiben und nicht das Gefühl zu bekommen, ständig von „den Umständen“ getrieben zu sein.

Delegieren

Der dritte Punkt, der zur Entlastung vom „täglichen Zuviel“ führt, ist eine gute Delegationspraxis. Hier gilt der alte Satz: Tun Sie nichts selbst, was nicht ein anderer auch tun könnte.
Gesunde Führung heißt nun allerdings nicht, einfach alles auf andere „abzuwälzen“. Gute Delegation bedeutet, die Möglichkeiten und Grenzen dessen, an den ich etwas delegiere, sorgfältig zu beachten und ihm anzubieten, ihn immer dann konkret zu unterstützen, wenn er oder sie nicht weiterkommt.
Zwei häufige Fehler sind bei der Delegationspraxis zu sehen: Entweder, es wird zu wenig delegiert („ich mache das lieber selbst, dann weiß ich, dass es gemacht ist und es geht auch schneller“ wäre der diesbezügliche Klassiker), oder es wird pseudodelegiert, indem eine Aufgabe zwar abgegeben wird, aber der Delegierende sich ständig einmischt – eine gute Möglichkeit, Mitarbeiterinnen und Mitarbeiter effektiv zu demotivieren.
Wenn Sie delegieren, geben Sie Ziele und Deadlines vor: Was ist bis wann zu tun? Bieten Sie Hilfe an, wenn diese angefordert wird.
Prüfen Sie das Ergebnis, aber lassen Sie demjenigen, dem Sie die Aufgabe übertragen haben, jede Freiheit, sie so zu erledigen, wie sie/er das tun will. Die individuelle

Freiheit bei der Gestaltung einer Arbeitsaufgabe ist, wie wir heute wissen, eine sehr gute Vorbeugung gegen den Burnout. Umgekehrt heißt das, dass diejenigen schneller ausbrennen, die eine Sache genau so machen müssen, wie der Vorgesetzte das will und denen kein individueller Gestaltungsspielraum gelassen wird.
Wenn wir über die Kraft durch Grenzen sprechen, müssen wir uns Gedanken über die Mechanismen der Zusammenarbeit machen. Wo es um Zusammenarbeit geht, geht es immer auch um das Managen von Konflikten.

10 Zusammenarbeit und Konfliktmanagement

Mathias Lohmer

In Kapitel 4 haben wir schon darüber gesprochen, dass „gesunde Führung“ das Ziel hat, eine optimale Aufgabenerfüllung mit einem förderlichen Teamzusammenhalt und einem guten Selbstmanagement der Führungskraft zu verbinden. Wir möchten hier auf das „Dreieck der gesunden Führung“ aus Kapitel 4 zurückkommen (Abb. 10-1).
Die Aufgabe der „gesunden Führung“ besteht darin, dieses Dreieck beständig in Balance zu halten. In Kapitel 7 haben wir uns schon mit dem Pol Selbstmanagement in Kapitel 4 mit dem Pol Aufgabenorientierung und Stärkung des Teamzusammenhaltes beschäftigt. In diesem Kapitel wollen wir auf letzteren Punkt nochmals genauer eingehen.
Die Essenz von *Zusammenarbeit* besteht darin, eine *Sachorientierung* (Aufgabenorientierung) ausreichend dicht mit einer *Beziehungsorientierung* (Teamorientierung) zu verbinden.

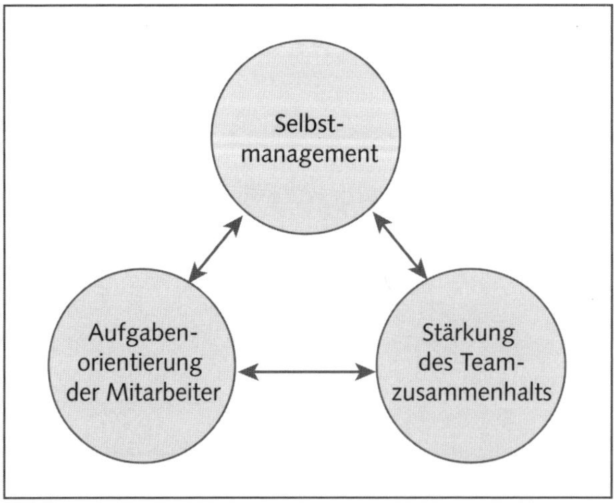

Abb. 10-1 Das „Dreieck der gesunden Führung“

Zusammenarbeit liegt allen Arbeits- und Produktionsprozessen zugrunde. Zusammenarbeit ermöglicht überhaupt erst komplexe Abläufe und arbeitsteiliges Wirtschaften.
In der Folge wollen wir zunächst Grunddimensionen einer *Kultur der Zusammenarbeit* vorstellen. Dabei handelt es sich oft um *Pole* und *Dimensionen* (wie Konkurrenz und Kooperation) die so *gemanagt* werden müssen, dass eine produktive Balance entsteht. Dabei wird es auch um die Auswirkung von Stressmustern auf Organisationsebene gehen.
Anschließend werden Grundregeln für eine erfolgreiche Zusammenarbeit benannt. Diese Ausführungen basieren auf Giernalczyk und Lohmer (2006).

Grunddimensionen einer Kultur der Zusammenarbeit

Konkurrenz und Kooperation

Zusammenarbeit verbindet zwei für Menschen und Gruppen grundlegende Pole: *Konkurrenz und Kooperation.* Zusammenarbeit muss beiden Polen gerecht werden: Der Möglichkeit, sich als Einzelner hervorzutun, Besonderes zu leisten, andere auch hinter sich zu lassen, hervorzustechen und Ungewöhnliches zuwege zu bringen einerseits. Sich zusammenzufinden, einer gemeinsamen Sache unterzuordnen und den Teamerfolg als oberste Priorität zu setzen andererseits. Kooperation bedarf eines sich Zurücknehmens sowie eines Austarierens unterschiedlicher Interessen und Bedürfnisse. Zusammenarbeit wird also dort erfolgreich sein, wo individuelle und Gruppenbedürfnisse, unterschiedliche Interessen und Fähigkeiten, Differenzen und Gemeinsamkeiten in ein gutes, „gesundes" Gleichgewicht gebracht werden können. Dabei können wir beobachten, dass Kulturen in Organisationen und deren Subeinheiten in der Regel mehr zum einen oder anderen Pol neigen. In psychosozialen Teams gilt in der Regel „Kooperation" als dominanter Wert. Konkurrenz ist häufig verpönt. Man „sorgt für sich" eher durch Erleichterungen wegen „Überlastung" als durch lustvolles Austesten der eigenen Grenzen. Ehrgeiz wird rasch als „narzisstische Bedürftigkeit" etikettiert, ein spielerischer Umgang mit Konkurrenz fällt den beteiligten schwer. Konkurrenz wird eher indirekt ausgeübt, z.B. durch Ausbremsen von Initiativen und Verhindern von Unterschieden.
Demgegenüber arbeiten Vorstände großer Unternehmen häufig überwiegend im Konkurrenzmodus und haben Schwierigkeiten, sich auch als Team zu verstehen. Hier ist es kulturell oft üblich und „normal", keine Schwächen und keinen kollegialen „Beratungsbedarf" zu zeigen, die eigenen Kompetenzen hervorzuheben und ständig auf dem Sprung nach weiter oben zu sein – kooperatives, vertrauensvolles oder gar solidarisches Handeln wird dadurch natürlich erschwert.

Selbstwirksamkeit und Ohnmacht

Mitarbeiter in einem „gesunden Unternehmen" werden dann eine hohe Arbeitszufriedenheit, ein hohes Engagement und gleichzeitig eine intakte Life-Balance aufrecht erhalten können, wenn sie in ihrer Zusammenarbeit ein Gefühl von *Selbstwirksamkeit* erleben. Diese wird z.B. dann erfahren, wenn der Einzelne „etwas bewegen" kann, seine Initiativen unterstützt werden und er Wertschätzung für sein Engagement erlebt.

Zusammenarbeit kann aber auch quälend werden, wenn gute Ideen und Verbesserungen nicht aufgenommen werden, Arbeitsvollzüge als sinnlos erscheinen oder wenn eine destruktive Gruppendynamik dominiert und pathologische Persönlichkeitszüge von Kollegen, Mitarbeitern oder Vorgesetzten nicht eingegrenzt werden können. Das Gefühl, nichts bewirken zu können löst Gefühle von Ohnmacht aus, unsinnige bzw. nicht erreichbare Vorgaben Frustration und Zynismus.

Damit entsteht ein Klima, in dem Rückzug, „innere Kündigung" oder psychosomatische Erkrankungen dominieren und das Dreieck der „gesunden Führung" aus der Balance gerät.

Anerkennung und soziale Haut

Anerkennung und „gesehen werden" sind grundlegende Notwendigkeiten, um in sozialen Gruppen arbeitsfähig sein zu können. In unserer gegenwärtigen „flexiblen Gesellschaft" erleben Einzelne und Gruppen Anerkennung weniger durch einen stabilen *Status* und festgelegte Rollen, sondern zusehends mehr durch *interaktionelle oder Beziehungs-Anerkennung* durch Kollegen und direkte Vorgesetzte. Weil Aufgaben, Teams, Vorgesetzte, Strukturen, ja auch die Zugehörigkeit zu einer Firma oder Organisation viel häufiger als noch vor einigen Jahren wechseln, habe Mitarbeiter keinen stabilen *Anerkennungs-Kontext* mehr.

Das Bedürfnis der Menschen nach Zusammenarbeit mit der Bereitschaft, eigene „egoistische" Motive auch zurückzustellen, basiert aber gerade auf dem sozialen Belohnungs-Charakter – der Zusammenarbeit, also der Anerkennung, die wiederum das Selbstwertgefühl erhöht. Die Person erlebt sich selbst durch die Art und Weise, wie sie bei anderen oder der Gruppe gesehen wird. Sie erfährt also eine „Spiegelung", die das Selbstgefühl und das Selbstbild festigt bzw. auch modifizieren kann.

Diese gegenseitige Anerkennung dient als eine Art *soziale Haut* für Gruppen und Individuen (vgl. Lohmer u. Giernalczyk 2006). Diese soziale Haut schafft ein Gefühl von Zusammengehörigkeit, Verbundenheit und Abgrenzung nach außen, baut Loyalität nach innen auf und festigt so die Kohäsion der Gruppe und damit auch die Arbeitsfähigkeit. Wird diese Kohäsion durch zu häufige Wechsel der Aufgabe, der Strukturen, der Prozessabläufe und der personellen Zusammensetzung

von Gruppen gestört, erfolgt häufig ein Rückzug auf die Position des Individuums: „Jeder ist sich selbst der Nächste". Dann schwindet die notwendige Loyalität gegenüber Firma, Aufgaben und Kollegen, es werden nur noch unmittelbar wirksame Zweckbündnisse eingegangen oder aber ein Großteil der Energie auf „politisches Netzwerken" aufgewendet. Dies soll dann das Überleben und Fortkommen der Menschen in einer Organisation sichern, da die direkte aufgabenorientierte Arbeit weder genügend Sicherheit noch genügend Anerkennung bietet.
Vollends zum Verlust der sozialen Haut kann es in Phasen von Fusionen kommen, wenn Firmen, Bereiche und Abeilungen aufgelöst werden und Symbole der alten Firma wie Logos und Namen verschwinden, wenn Führungskulturen sich radikal ändern und die eigene Zukunft im neuen oder fusionierten Unternehmen über längere Zeit unklar ist. Jetzt gehen oft die fähigsten Mitarbeiter, da diese am Markt rasch neue Möglichkeiten finden. Die anderen suchen Halt in Nischen und versuchen, die Wellen der Erneuerung durch „Wegducken" zu überstehen. Es bedarf hier rascher Entscheidungen über Strukturen, Organigramme und personelle Besetzungen sowie anschließend einer Phase des „Teambuilding", um eine „neue" soziale Haut entstehen zu lassen.
Speziell Unternehmen oder berufsbezogene Kulturen aus dem technischen Bereich bedürfen einer besonderen Pflege der *Kultur der Anerkennung.*
Zum Beispiel ist es typisch für die Kultur von Technikern und Naturwissenschaftlern, sich darauf auszurichten, Fehler zu entdecken und diese zu beheben, gute technische Lösungen zu finden und den Ehrgeiz in der „Eleganz" von Lösungen zu erleben. Hier gilt oft das Motto „Nichts gesagt ist genug gelobt". Gegenseitige Anerkennung oder positives Feedback fallen häufig unter den Tisch. Verständlich ist dies zunächst vor dem Hintergrund der Logik eines technischen Denkens, da hier der Ehrgeiz mit dem Auffinden von Problemen verbunden ist und das persönliche Engagement als selbstverständlich genommen wird. Diese Haltung unterschätzt aber das Bedürfnis von Mitarbeitern, gesehen und gewürdigt zu werden.

Gesunder und pathologischer Narzissmus in Gruppen

Durch kontinuierliche Anerkennung, Würdigung, Hervorhebung von Leistungen und Einsatz für Unternehmen und Team wird das Einzel- und Gruppenselbstgefühl gestärkt und ein gesunder Narzissmus gefördert. Wenn diese basalen Bedürfnisse nicht beantwortet werden, kommt es häufig zu einer Störung der Gruppendynamik bzw. der Aufgabenerledigung. Teams können sich dann mit ihrem Unternehmen nicht identifizieren, entwickeln keinen Stolz auf ihre Arbeit und „ihr" Team. Während der gesunde Narzissmus mit Stolz und lustvoller Konkurrenz gegenüber anderen Firmenbereichen oder Konkurrenten am Markt ein wichtiges Charakteristikum für gut funktionierende Arbeitsgruppen ist, müssen sich Arbeitsgruppen gleichzeitig vor einem Zustand der Größenfantasien und des pathologischen Narzissmus schützen. Unter dem Einfluss einer narzisstischen Führungsperson können Gruppen die Bodenhaftung verlieren, in einer Dynamik von Idealisierung und Entwertung polarisieren, keinen guten Kontakt zur Realität mehr halten und Wahrnehmungen, die den eigenen Zustand des Größen-Selbst bedrohen, ausblenden. Oft werden solche Gruppen zu „Echo-Gruppen" für narzisstische Persönlichkeiten und geraten in ein unbewusstes Zusammenspiel, eine *Kollusion* mit dieser Person, um an deren Grandiosität teilhaben zu können (vgl. Lohmer 2012).

Aufstieg und Fall eines CEO

Andreas H., ein junger, gewinnender Manager, wurde Ende der 90er Jahre CEO eines bedeutenden Familienunternehmens im Bereich der Kommunikationsindustrie. Gefördert durch den Firmenpatriarchen führte er in die mittelständische Kaufmannskultur des Unternehmens die Kultur der New Economy ein: Englisch als Firmensprache, Ausbau der ausländischen Aktivitäten, hohe Investitionen in den Internetbereich. Ganze Trupps junger „cooler" Manager übernahmen das Regiment.

Zunächst unmerklich, für Außenstehende dann immer deutlicher, kam es zu Differenzen der „Boygroup" und Andreas H. mit Teilen des Aufsichtsrates und dem Firmengründer. Eine Zeit lang existierten im Unternehmen zwei Parallelwelten, bis die Spannung über die strategische und kulturelle Ausrichtung an der Frage des von Andreas H. beabsichtigten Börsenganges kulminierte. Strittig war hier Frage, ob das Unternehmen an die Börse gebracht werden und sich damit Mittel zur weiteren Expansion beschaffen sollte oder seine Entwicklung aus dem Cashflow finanzieren sollte – hier prallten die unterschiedlichen Ideologien der New Economy und des „alten" Kaufmannsdenkens unversöhnlich aufeinander. Differenzen gab es auch zu Fragen der Unternehmenskultur.

Die Trennung zwischen Andreas H. und dem Unternehmen Anfang der 2000er Jahre kam für ihn überraschend – er hatte sich in seiner eigenen Welt, umgeben von Gleichgesinnten, sicher gefühlt.

Typisch für die narzisstische Dynamik war hier die Verzauberung, die Andreas H. zunächst mit dem Firmenpatriarchen und seiner einflussreichen Ehefrau gelang. Die Idee der „weltläufigen", Internet-orientierten Firma wirkte auf Inhaber, Aufsichtsrat und Mitarbeiter ungemein belebend, die gemeinsame Vision euphorisierend. Erst allmählich wurde aber deutlich, dass dies mit einer Kultur des Ja-Sagens, einem Ausgrenzen von Kritikern und einem allmählichen Realitätsverlust bezahlt wurde. Der Firmenpatriarch trat dann gewissermaßen auf die Notbremse, um Firmenkultur und Realitätskontakt zu retten.

Eine Wiederholung im „Schnelldurchlauf" ergab sich beim nächsten Engagement von Andreas H. bei einem großen Handelsunternehmen. Wieder war es die „spezielle" Beziehung mit hohem Vertrauensvorschuss und gegenseitiger Idealisierung von Inhaberin und Andreas H., die seinen steilen Aufstieg an die Firmenspitze ermöglichte. Durch den Verkauf der Immobilien, die zu dem Handelskonzern gehörten, erreichte Andreas H. einen raschen Sanierungserfolg, der allerdings ein „Potemkinsches Dorf" war, wie sich bald herausstellte: Das „Tafelsilber" war nun verkauft, der Handelskonzern selber aber nach wie vor nicht profitabel. Diesmal war die Entlassung von Andreas H. deutlich unsanfter als noch bei beim ersten Mal, sein Nimbus war nun nachhaltig beschädigt.

Interessant an diesem Fallbeispiel ist, wie leicht Führungskräfte und Mitarbeiter der Verführung zu einer „narzisstischen Kollusion" erliegen, wie mächtig der Sog zur Teilhabe an Größenphantasien ist, in denen Widerstände magisch überwunden werden und Wunschvorstellungen an die Stelle der schmerzhaften Wahrnehmung von Einschränkungen der Wirklichkeit treten. Umso schmerzhafter ist dann der Absturz, wenn die Realität nicht länger zu leugnen ist.

Altruismus und Egoismus

Möchte man Gruppen in ihrer Zusammenarbeit stärken, so sollte man zunächst den Fokus auf gemeinsame Interessen legen, so dass die Gruppe sich auch als eine geeinte Gruppe mit gemeinsamem Fokus erleben kann. Die berühmten „Win-Win-Situationen" gewinnen hier an Bedeutung: Die Einzelnen, aber auch Subgruppen einer Organisation müssen das Gefühl haben, dass sie bei einem gemeinsamen Erfolg auch persönlich oder als Gruppe profitieren. Gibt es nur eine kurzfristige Perspektive in einer Arbeitsgruppe (z.B. bis zum nächsten Quartalsergebnis), kann altruistisches Verhalten nur schwer erwartet werden. Eine langfristige Orientierung hingegen vermittelt das Gefühl, dass über eine längere Zeit hinweg gesehen, jeder von einer erfolgreichen Zusammenarbeit profitieren wird. Deutlich wird diese Problematik z.B. in Teams, die Urlaubspläne entscheiden müssen, und wo es immer wieder darum geht, wer an den bevorzugten Ferienterminen (Feiertage, Weihnachten, Ostern, Brückentage) frei nehmen kann. Nachdem unmöglich alle zu einem gegebenen Zeitpunkt gleichermaßen einen Vorteil haben können, gelingt eine gute Lösung nur, wenn die Gruppe über die Zeit, z.B. mehrere Jahre hinweg denkt, und einen Ausgleich von Vor- und Nachteilen über die Zeit hinweg vornimmt.

Eine enge Zusammenarbeit hat demnach als Basis das Gefühl der Gegenseitigkeit, angesichts der auch kurzfristige Ungerechtigkeiten toleriert werden können. Es ist die Überzeugung einer „fairen Balance", einer Balance der „Schuld- und Verdienstkonten", die einen guten Zusammenhalt ermöglicht. Dies bedeutet natürlich auch, dass ein gewisses *Vertrauen* dahingehend notwendig ist, dass sich alle an dem Bemühen, eine solche Fairness zu erreichen, beteiligen, bzw. dass die Selbststeuerung und Selbstregulation der Gruppe ausreicht, „Nicht-faires-Verhalten“ zu sanktionieren und zu korrigieren, bzw. die Leitung dazu in der Lage ist, Fairness herzustellen und zu garantieren.

Stressmuster und Aufgabenorientierung

Bei aller Bemühung, eine solche „Kultur der Zusammenarbeit“ zu etablieren, wird es auch immer wieder Situationen geben, in denen Gruppen unter Stress geraten und ihre gruppenspezifischen Stressmuster aktiviert werden. In solchen Situationen treten dann defensive Routinen an die Stelle der Aufgabenorientierung. Defensive Routinen oder psychosoziale Abwehrmechanismen sind unbewusste Regulationsmöglichkeiten für Gruppen und Organisationen, um unter Druck das Überleben der Gruppe und ihre Kohäsion zu sichern. Auch wenn dies auf Kosten ihrer Arbeitsleistung geht. In der Regel kommt es dabei zu Verzerrungen der Realitätswahrnehmung und zu starken Polarisierungen, die von den Gruppenmitgliedern selber aber nicht wahrgenommen und daher nicht kritisch bewertet werden können (Lohmer 2004).

Was sind solche typischen defensiven Routinen? Typisch für Wirtschaftsunternehmen ist hier vor allen Dingen die „Flucht in die Handlung“. Es wird nicht mehr reflektiert, geplant und sorgsam abgewogen, sondern die Gruppe versichert sich ihrer Handlungsfähigkeit angesichts von Druck und Krise dadurch, dass sie schnell – dabei aber häufig unüberlegt – Entscheidungen trifft und damit die Illusion von Kontrolle und Selbstbestimmung aufrecht erhält. Die Führungsperson wird in der Regel von dieser Dynamik selber ergriffen und versucht sich und der Gruppe durch Tempo und Aktivität Entscheidungsstärke vorzuspiegeln.

In psychosozialen Organisationen dominiert unter Stress dagegen eher eine Haltung der „Flucht vor der Entscheidung“. Es wird nicht mehr entschieden, Entscheidungen werden herausgeschoben oder nicht umgesetzt, verwässert oder vergessen. Es kommt zu einem Stillstand. Die Gruppe flieht hier kollektiv vor der Verantwortung der Entscheidung. Die Führungsperson als Teil der Dynamik fürchtet häufig den Verlust von Konsens in der Gruppe. Sie will alle Gruppenmitglieder „hinter sich haben“ und rationalisiert bzw. rechtfertigt das Zögern und Nicht-Entscheiden als „Berücksichtigung aller Gesichtspunkte“ und „der Gruppe nicht zu viele Veränderungen zuzumuten“.

Typischerweise sinkt in Stresssituationen auch die Bereitschaft von Teams, neue Informationen aus der Außenwelt aufzunehmen, sie gewissermaßen durch den Filter der sozialen Haut hindurch zu lassen und einen entsprechenden Bewusstseinswandel sowie ein Lernen aus Erfahrung zu erlauben. Stattdessen versucht die

Gruppe weiterhin an vorgefertigten Meinungen und Überzeugungen festzuhalten. Wir können dieses Dilemma auch bei großen und erfolgreichen Unternehmen beobachten, die zu lange an einer einstmals erfolgreichen Strategie festhalten, aus einer Position der Stärke heraus neue Entwicklungen am Markt nicht ernst genug nehmen und zu einer späteren Phase dann unter Druck geraten. Gerade große Unternehmen aus dem IT-Bereich, wie z.B. IBM oder Yahoo, sind gute Beispiele für diese Dynamik.
Teil dieser Abschirmung nach außen ist auch die Weigerung von Gruppen unter Stress, fremde Perspektiven probehalber (sich z.B. in die Position der unterschiedlichen Stakeholder zu begeben) einzunehmen. Solche anderen Meinungen, auch innerhalb der Gruppe, werden dann häufig als störend erlebt, weil sie die „Flucht in die Handlung“ bzw. die „Flucht vor der Entscheidung“ erschweren und die Gruppe zum Reflektieren zwingen würden.
Zusammenfassend kann man sagen, dass, wenn Gruppenmitglieder unter Stress sind, sie sich mehr darauf konzentrieren werden, dieses Stresserleben zu vermindern – auch mit dem oben beschriebenen dysfunktionalen Regulationsmechanismen – und nicht mehr die Aufgabe fokussieren.
Auf unternehmensweiter Ebene kann man dies oft gut beobachten, wenn in großen Umbau- und Wandlungsprozessen ganze Abteilungen mehr mit ihrem politischen Überleben und der entsprechenden „Mikropolitik“ beschäftigt sind, anstatt mit ihren eigentlichen Aufgaben. Ein Grund, warum sich Wettbewerber über Fusionen ihrer Konkurrenten oft freuen, weil sie dann wissen, dass ihre Konkurrenten für mehrere Jahre mit sich selbst beschäftigt sein werden!

Grundregeln für eine erfolgreiche Zusammenarbeit

Eine erfolgreiche Zusammenarbeit in einem „gesunden Unternehmen“, die auch der dysfunktionalen Wirkung von Stressmustern und defensiven Routinen entgegenwirken will, sollte sich an folgende Grundregeln halten:

▶ **Respektvolles Verhalten**
Wertschätzung wird in Teamsupervisionen am häufigsten als Wunsch gegenüber Führung und Kollegen genannt. Auch Führungsmitglieder leiden häufig darunter, zu wenig Anerkennung von ihren Mitarbeitern für ihre Anstrengungen zu erhalten. Häufig ist es das Gefühl, selber zu wenig Anerkennung zu bekommen, das es erschwert, anderen diese Wertschätzung zu gewähren. Mehr eigene Freigebigkeit führt hier in der Regel aber zu mehr positivem Echo. *Wertschätzung* bedeutet aber auch, einen respektvollen Umgangston untereinander zu halten und verletzendes und kränkendes Verhalten zu begrenzen.

▶ **Offenheit**
Kritik zu empfangen und kritische Rückmeldungen an andere zu geben fördert eine Atmosphäre des „gesunden Wettbewerbs", in dem Fehler, aber auch Erfolge, Engagement sowie Schonungsbedürftigkeit gesehen und anerkannt werden. Offenheit fördert Vertrauen, weil Konflikte offen benannt und nicht indirekt durch Intrigen, Klatsch und Mobbing ausgetragen werden.

▶ **Balance von Aufgaben- und Beziehungsorientierung**
Das „Dreieck der gesunden Führung" sollte immer wieder in ein gutes Gleichgewicht gebracht werden. Genaues Hinschauen auf die Aufgabenerfüllung wird mit Beteiligung der Mitarbeiter an Entscheidungsprozessen verbunden.

▶ **Gesichtwahrung in Debatten**
Diskussionen sollten engagiert bis hart geführt werden können, aber immer gesichtswahrend verlaufen. Es muss jedem immer möglich sein, eine bisher mit Überzeugung vertretene Position auch wieder räumen zu können und sie nicht nur aus Gründen des Schutzes des Selbstwertgefühls um jeden Preis verteidigen zu müssen.

▶ **Differenzen pflegen**
„Diversity" (also Vielfalt und Heterogenität, z.B. bezüglich Geschlecht, Rasse, Alter) ist inzwischen in großen Unternehmen ein wichtiger Wert, der aber oft nur als politisch korrektes Statement benutzt wird. Auf einer alltäglichen Ebene bedeutet es, zu erkennen, dass z.B. Unterschiede der Emotionalität und des Temperaments, der geschlechtsspezifischen Wahrnehmung und der „kulturellen Filter" immer berücksichtigt und nicht für selbstverständlich genommen werden sollten.

▶ **Reflektierende Zusammenarbeit**
Gerade wenn wir über die Stressanfälligkeit und den Umgang mit Stress in der Zusammenarbeit sprechen, ist es sinnvoll, sich Gedanken darüber zu machen, wie Arbeitsgruppen in ihrer Zusammenarbeit darin unterstützt werden können, eine „Aufgabenorientierung" zu bewahren. Hier hilft die Haltung der *reflektierenden Zusammenarbeit.* Diese Haltung beschreibt eine kontinuierliche Balance zwischen einer authentischen Besinnung auf die eigenen Werte, Interessen und Meinungen und einer Offenheit für die Perspektive, Interessen und Meinungen der anderen. Es gilt der Satz: „Beeinflusse und sei beeinflussbar!"
Eine reflektierende Haltung zeichnet sich u.a. dadurch aus, dass die Entwicklung der eigenen Meinung in dem Maße reflektiert wird, in dem neue Informationen eine Modifikation nahe legen.
Wir alle erleben die Aufgabe liebgewordener Positionen als Verlust und Einbuße des Selbst bzw. Selbstwertgefühls. Deswegen gibt es eine ausgesprochene Hemmung bei einzelnen Gruppen, einmal gewonnene Positionen auch wieder auf-

zugeben. Dies gelingt nur, wenn ein solcher reflexiver Prozess bewusst angelegt wird und Gruppen darin unterstützt und gefordert werden, offen für neue Informationen und Aktivitäten am Markt und in der Umwelt zu sein. Wie schon oben ausgeführt: Es braucht eine Gruppenkultur, in der es willkommen und akzeptiert ist, Meinungen zu verändern, sich überzeugen zu lassen, Positionen aufzugeben und neue einzunehmen!
Eine erfolgreiche Zusammenarbeit wird also eine solche Haltung der reflektierten Zusammenarbeit, des bewussten Umfangs mit Stress, der gegenseitigen Anerkennung und des „gesunden Narzissmus" berücksichtigen. Wenn damit eine gute Kommunikation gesichert ist, ist die Basis für eine gute Kooperation gelegt.

Fazit

Wir haben nun gesehen, dass eine gute Zusammenarbeit im Dreieck von Selbstmanagement, Aufgabenorientierung und Teamzusammenhalt einer ständigen Aufmerksamkeit und Anstrengung bedarf.
Wer Arbeitsgruppen leitet, ob als Führungsperson oder temporärer Projektleiter, sollte auf dem Hintergrund dieser Leitsätze darauf achten, die Kommunikationsprozesse im Blick zu haben und zu pflegen. Wie in einer guten Beziehung, Ehe oder Partnerschaft entsteht die Güte des Zusammenlebens nicht von alleine, sondern ist Ergebnis von Pflege und Aufmerksamkeit.
Zusammenarbeit ist immer durch emotionale Schwankungen von innen und Druck, Stress und Risiko von außen gefährdet. Zusammenarbeit muss also immer temporäre Stabilität in kontinuierlich instabile Verhältnisse einführen.
Von daher bedarf Zusammenarbeit eines ausgesprochenen *Containments*, wie wir es in Kapitel 4 beschrieben haben. Ein solches Containment sorgt für einen haltenden, verstehenden Rahmen, in dem immer wieder Räume zur Reflexion und Neujustierung der Balance einzelner Personen, Teams und Organisationseinheiten gefunden werden können.
Life-Balance in gesunden Unternehmen heißt also, dass alle Beteiligten, aber insbesondere die Führungskräfte, sich kontinuierlich um eine Wahrnehmung unterschiedlicher sachlicher und emotionaler Interessen bemühen und eine Atmosphäre unterstützen, in der Passion, Vitalität, Konflikt und Engagement, Differenz und Einigkeit möglich werden.
Diese Haltung einer „gesunden Führung" wird besonders dann gefordert, wenn die Zusammenarbeit nicht nur durch emotionale Schwankungen und Spannungen, sondern durch Konflikte bestimmt ist.
Der Umgang mit Konflikten in einer Haltung des „gesunden Führens" soll daher im nächsten Abschnitt behandelt werden.

Der Umgang mit Konflikten in „gesunden Unternehmen"

Unter Konflikt verstehen wir eine fortbestehende Uneinigkeit, die durch einen tatsächlichen oder angenommenen Gegensatz von Bedürfnissen, Werten und Interessen verursacht wird. Ein Konflikt kann *intrapersonell* (innerhalb des eigenen Selbst), *interpersonell* (zwischen zwei oder mehreren Personen bzw. Gruppen) oder *organisationsbezogen* (Sachkonflikte, Beziehungskonflikte, Wertkonflikte, Verteilungskonflikte, Entscheidungskonflikte, Rollenkonflikte) bestehen.

Die Notwendigkeit von Konflikten

Konflikte innerhalb der Zusammenarbeit in Organisationen sind per se nicht negativ als „Zusammenbruch der Kommunikation" oder „Betriebsunfall" zu verstehen. Konflikte haben sogar in hohem Maße positive Auswirkungen. So weisen sie auf Probleme hin, regen Neugier oder Interesse an, fordern Entscheidungen heraus, verhindern Stagnation, setzen Energien frei und lösen Veränderungen aus. Jedes Denksystem, jeder Ablauf und sogar jede Ordnung, die sich eine Organisation und die in ihr wirkenden Menschen geben, stimmt nur für einen bestimmten historischen Zeitpunkt und wird irgendwann obsolet – ohne Konflikt würde es hier keinen Fortschritt geben, weil immer „Bewahrer" und „Veränderer" aufeinandertreffen *müssen*, damit eine neue Idee, ein neues Paradigma, eine neue Lösung, ein neues Produkt oder ein neuer Prozess umgesetzt werden können.
Uns erscheinen drei Arten von Konflikten besonders bedeutsam:

- Konflikte über Grenzen und Territorien
- emotionale Konflikte
- Konflikte zwischen unterschiedlichen Interessen

Konflikte über Grenzen und Territorien

Organisationen mit ihren Gruppen und Subgruppen tendieren dazu – von außen gesehen – künstliche Grenzen auch innerhalb der eigenen Organisation zu errichten. Dies können wir so verstehen, dass stammesgeschichtlich Individuen das tiefgreifende Bedürfnis haben, Teil einer übersichtlichen Gruppe zu sein, quasi eines „Stammes" oder eines „Clans", bei dem Zugehörigkeit, Verbundenheit und Loyalität erlebt werden kann. Menschen tun sich schwer, sich ohne Weiteres als Teil einer „großen" Organisation zu fühlen ohne diese Identifikationsmöglichkeit mit einer Subgruppe bzw. einer Führungsperson, mit der sie einen emotionalen Kontakt unterhalten. Dieses Zugehörigkeitsgefühl zu einer überschaubaren Gruppe können wir auch als Ausdruck eines Bedürfnisses nach Sicherheit verstehen. Dementsprechend tendieren die Individuen dazu, mit ihren Gruppen zusammen

ein Territorium abzugrenzen und gegen andere zu verteidigen. Zahllose Konflikte zwischen „Entwicklung“ und „Produktion“, „Einkauf“ und „Verkauf“, zwischen benachbarten Abteilungen und Subteams können so als Akte der „Territorialverteidigung“, der Claimabsteckung und der Grenzziehung verstanden werden. Gruppen definieren sich selbst über ihre Grenzen, die sie zwischen sich und andere ziehen. Von daher kommen die bekannten Phänomene der „In-Group“ und der „Out-Group“, des Gegensatzes von „Wir“ und „Die“. Jedem ist aus Seminaren, Zugabteilen oder Abteilungswechseln das Phänomen gut vertraut, dass innerhalb kürzester Zeit die gerade neu geformte Gruppe als „Heimat“ erklärt wird und jeder neu Hinzukommende misstrauisch beäugt und als „Fremder“ bzw. „Neuling“ behandelt wird.
Von daher gibt es gerade in Matrixorganisationen und Organisationen mit Projektorganisation vielfältige Anlässe, in denen sich bewusst oder unbewusst Gruppen gegenseitig „in die Quere kommen“ können und es von daher notwendig ist, aktiv Grenzen zu erkennen und darüber zu kommunizieren und zu verhandeln, wie mit dem „Grenzgebiet“ verfahren werden kann.

Emotionale Konflikte

Chronische Konflikte in Organisationen haben häufig eine lange „Kränkungs- und Verletzungsgeschichte“. Jemand oder eine Gruppe fühlt sich benachteiligt, gekränkt, verletzt, übergangen, nicht ausreichend gewürdigt oder zurückgesetzt und entwickelt von daher Ärger, Groll und im Extremfall eine passiv-aggressive Opferidentität.
Alle neuen, auch nur ein wenig negativen Erfahrungen werden bereitwillig in das bereits existierende Bild eingebaut, mögliche korrigierende andere Erfahrungen heruntergespielt, verleugnet, nicht zur Kenntnis genommen, so dass die organisationale Identität als „Benachteiligte und Opfer“ erhalten bleibt. Es ist leicht abzusehen, dass dies die Aufgabenorientierung behindert und vor allen Dingen die Zusammenarbeit mit als feindlich, bevorteilt oder privilegiert erlebten Subsystemen.
Eine Zusammenarbeit kann daher nur in einer „gereinigten Atmosphäre“ gedeihen, Störungen, Kränkungen, das Gefühl der Zurücksetzung und ähnliches müssen rasch und in geeigneter Weise von *beiden* Seiten wahrgenommen, bedacht und adressiert werden. Dies bedeutet *aktives* Konfliktmanagement, also ein Aufspüren von Missstimmungen auf noch niedrigem Eskalationsniveau.

Konflikte zwischen unterschiedlichen Interessen

Es liegt in der Natur von Organisationen, dass es unterschiedliche Interessen auf individueller und auf Gruppenebene gibt. Zusammenarbeit dient ja letztlich

„egoistischen“ Partialinteressen, auf die nur vorübergehend verzichtet wird, weil mit einer weisen Sicht auf die emotionale Grundlage der Zusammenarbeit, auf Vertrauen und Loyalität, damit gerechnet werden kann, dass ein Interessensausgleich möglich ist.
Organisationen sind hier wie ein Marktplatz: Sie sind dann lebendig und vital und entwickeln Passion bei ihren Mitgliedern, wenn unterschiedliche Interessen offen benannt und auf dem „Marktplatz“ ausgetauscht und verhandelt werden können. Neben der Spannung, die durch die unterschiedlichen Interessen (z.B. perfekte technische Lösung der „Entwicklung“ versus möglichst einfache Realisierbarkeit der „Produktion“) entsteht und die quasi der *Sachebene* entspricht, gibt es vielfältige Spannungen auf der *Beziehungsebene.* Die unterschiedlichen Sachinteressen korrelieren natürlich auch mit persönlichen oder Gruppeninteressen, die auf Status, Anerkennung, Macht- und Bedeutungszuwachs innerhalb der Organisation ausgerichtet sind. Diese unterschiedlichen Interessen werden mit ihrem jeweils spezifischen kulturellen und persönlichen Hintergrund ausgetragen. In einer asiatisch dominierten Kultur würde das offene Vertreten von Interessen auf Befremden stoßen, in einer US-amerikanischen Kultur würde es erwartet werden und in einer englischen Kultur würden die unterschiedlichen Interessen in eine sorgsame Betonung des Beziehungsgeflechts eingebunden werden. Aber auch auf persönlicher Ebene können unterschiedliche Interessen rasch zu Kampf oder Flucht, Dominanz oder Unterwerfung, Appeasement oder Eskalationsverhalten führen – je nach der charakterologischen Prägung der Beteiligten.
Von daher ist es einleuchtend, dass Lösungen erst dann möglich werden, wenn die hinter Konflikten liegenden unterschiedlichen Interessen und Anliegen erkannt, ausgedrückt und akzeptiert werden. Wobei die Anerkennung eines Interesses nicht automatisch bedeutet, ihm *entsprechen* zu müssen! Die instinktive Haltung „wehret den Anfängen“ verhindert oft den notwendigen *Perspektivwechsel,* in dem das Interesse eines Gegenübers überhaupt erst markiert und anerkannt werden könnte. Von daher kommt es dann zu endlosen Kreisläufen, in denen gegenseitig immer wieder aufs Neue mit wechselnden Sachargumenten die Bedeutung der eigenen Position erklärt wird, ohne dass die eigene Bereitschaft da wäre, die Interessen des anderen wirklich anzuerkennen.

Positionen und Interessen

Dem „Harvard Konzept“ (Fisher et al. 1981) über den Umgang mit Konflikten verdanken wir die wichtige Unterscheidung zwischen *Interessen* und *Positionen.* Häufig werden die eigenen Interessen hinter Positionen verdeckt, die politisch korrekt klingen, sachorientiert scheinen und auf dem Markt der organisationalen Diskussion gut „verkauft“ werden könnten. Diese Positionen verdecken in vielen Fällen aber die darunter liegenden Interessen, ja häufig werden die Interessen re-

gelrecht getarnt, da sie als weniger „präsentabel“ gelten als die offen vertretenen Positionen. Hier beginnt dann häufig ein Machtkampf, in dem Individuen um ihre Position kämpfen, Vorteile suchen, Nachteile vermeiden wollen und hauptsächlich darauf bedacht sind, ihre Machtbasis zu steigern. Umgekehrt entsteht dann Raum für Verhandlung und Bewegung, wenn die unterschiedlichen Interessen hinter den Positionen ausgedrückt und zunächst einmal anerkannt werden können.
Um dies zu ermöglichen, bedarf es einer Reflexion der Dynamik von Vertrauen, Misstrauen und Aggression.

Die Dynamik von Vertrauen, Misstrauen und Aggression

Aus dem, was wir bisher entwickelt haben, wird deutlich, dass Offenheit und Vertrauen notwendige Bedingungen dafür sind, mit Konflikten angemessen umzugehen. Diese Offenheit aber verursacht ein Gefühl von Verletzlichkeit – das eigene Interesse hinter der Position zu benennen, macht mich angreifbar, ich habe mich gewissermaßen aus meiner „Festung“ heraus begeben auf das „offene Feld“. Aber genau diese Verletzbarkeit und dieses *Risiko*, dass ich einen Nachteil erleiden könnte und auf eine taktische Schutzschicht verzichtet habe, ist die notwendige Vorausbedingung, damit Verhandlungen stattfinden können.
In diesem Sinne verlangen Verhandlungen, wenn sie ernsthaft und nicht nur taktisch geführt werden, einen Schritt der Integration. Dies bedeutet, dass ich *Zuschreibungen* an den Konfliktpartner wieder in Frage stellen und zurücknehmen muss. Es ist natürlicher Teil jeder Konfliktdynamik, dass der Konfliktpartner zunächst entdifferenziert, dämonisiert und negativer gesehen wird, als er oftmals ist. Dies hilft, die für Konflikte notwendige Distanzierung und Aggression gegen das „Fremde“ zu mobilisieren und aufrechtzuerhalten. Diese Distanz und Fremdheit muss folglich wieder verringert werden, damit sich Konfliktpartner zumindest probeweise mit dem anderen und seiner Perspektive identifizieren, also einen Perspektivwechsel vornehmen können.
Genau dieser Perspektivwechsel ist aber dann schwierig, wenn ich mich verletzt, angegriffen, schlecht behandelt, übervorteilt, kurz, als Opfer fühle oder aber einen Vorteil im Machtkampf nur ungern aufgeben will. Die Opferhaltung unterstützt Misstrauen und das Gefühl der Berechtigung, nun seinerseits aggressiv, verletzend und „dehumanisierend“ reagieren zu dürfen. Im Akt einer Projektion wird der andere nun genauso behandelt, wie ich mich behandelt fühle, um selber aus dieser emotionalen Falle herauszukommen.
Der „Schwarze Peter“ wandert von einem zum anderen, jeder gibt ihn seinerseits postwendend zurück, womit ein endloser Teufelskreis eröffnet wird. Misstrauen verhindert so die Anerkennung der Perspektive, der Motive und der Interessen des anderen.

Will man einer Organisation helfen, aus diesem Teufelskreis herauszufinden, so empfehlen wir ein achtstufiges Programm mit Konflikten umzugehen.

8 Stufen zur Konfliktregulation

1. **Anerkennung**
   Die Natur des Konfliktes sollte anerkannt und nicht beschönigt werden.
2. **Metakommunikation**
   Um die dysfunktionalen Muster der immer gleichen Argumente und Kampfhandlungen zu beenden, müssen die Beteiligten aus dem Modus des Kampfes in einen Modus der Metakommunikation wechseln. Dies gelingt häufig nur durch das Hinzuziehen eines unbeteiligten Dritten.
3. **Differenzierung von sachlicher und emotionaler Ebene**
   Jetzt geht es um einen entscheidenden Schritt: Zugleich eine Versachlichung *und* eine explizite Berücksichtigung der beteiligten Emotionen zu erreichen. Die *Versachlichung* liegt darin, dass die unterschiedlichen aufgabenorientierten Interessen, Gedanken und Werte benannt und gewürdigt werden können. Die Berücksichtigung der *Emotionen* anerkennt diese als gleichwertig zu der Sachebene.
4. **Perspektivwechsel**
   Aus der Metaebene und der Anerkennung sowie dem aktiven Zuhören geht der Prozess nun über in die Phase, in der die Perspektive des anderen erfasst und sich probeweise mit ihr identifiziert wird.
5. **Feedback von Unbeteiligten**
   In dieser Phase kann die Sichtweise und das Feedback von Gruppenmitgliedern oder Unbeteiligten genutzt werden, die keine *aktiven* Beteiligten des Konfliktes sind.
6. **Optionen für Lösungen**
   Nach dieser Anerkennung von aufgabenorientierten Unterschieden und emotionaler Befindlichkeit unter Würdigung von nicht ausgeglichenen „Schuld- und Verdienstkonten“ tritt gewöhnlich eine Entspannung ein, die durch Humor, Durcheinanderreden, gegenseitige Kontaktaufnahme, ja eine gewisse Leichtigkeit der Atmosphäre gekennzeichnet ist. Jetzt ist der Boden bereitet, um die unterschiedlichen Optionen für Lösungen zu erforschen, die den emotionalen Befindlichkeiten und sachlichen Interessen der am Konflikt beteiligten Parteien gerecht werden. In dieser Phase ist es wichtig, sich nicht zu schnell auf Lösungen festzulegen, sondern zunächst im Modus des Brainstormings die unterschiedlichsten Lösungen nebeneinander zu stellen und ein Gefühl für die jeweilige Bedeutung und die jeweiligen Folgen einer Lösung zu erhalten.

7. **Gesichtswahrung**
   Wenn sich eine Lösung abzeichnet, ist es von größter Bedeutung darauf zu achten, dass alle Beteiligten „ihr Gesicht wahren" können. Häufig ist es so, dass eine Seite etwas mehr nachgeben muss, um eine Lösung zu ermöglichen. Hier ist es wichtig, dass diese Seite nicht als „die Verliererseite" da steht, da es sonst unmittelbar oder nach der Konfliktlösung Widerstand gegen die eben erzielte Lösung geben wird.
8. **Unterstützung der Lösung**
   Wenn schließlich eine Lösung erreicht wird, ist es wichtig, dass sich alle Beteiligten, die dieser Lösung zugestimmt haben, nun dazu verpflichten, diese Entscheidung auch öffentlich zu vertreten, ungeachtet dessen, dass es vielleicht nach wie vor Bedenken gegen den eingeschlagenen Weg geben mag.

11 Die praktische Umsetzung im Unternehmen

Bernd Sprenger

Das Vorgehen im Einzelnen

Wie schon mehrfach erwähnt, geht es bei den dargestellten Prinzipien nicht um strukturelle Maßnahmen im Unternehmen, es geht nicht um neue Büros und nicht um neue Maschinen, sondern es geht um das Bewusstsein der führenden Personen und deren Rollengestaltung.
Daher sind die Maßnahmen zur Einführung gesunden Führens im wesentlichen Investitionen in das Bewusstsein der Führungskräfte. Dies schreibt sich erfahrungsgemäß leichter, als es umzusetzen ist, da bei fast allen Menschen ein gewisser Widerstand gegen Haltungsänderungen oder auch Verhaltensänderungen normal ist. Zwei Dinge sind wesentlich:

- **Es handelt sich um einen Top-down-Prozess.**

Nur wenn die Unternehmensleitung bereit ist, diese Prinzipien auf der obersten Führungsebene für sich selbst anzuwenden, besteht eine Chance auf Implementierung im gesamten Unternehmen.
Wir haben öfter erlebt, dass versucht wurde, auf einer unteren Hierarchieebene etwas zu implementieren, was selbst nicht vorgelebt wurde: bei diesem Vorgehen ist es schade um die Zeit und das Geld, das für Schulungen investiert wird, denn es kommt nichts dabei heraus. Im Gegenteil: Es kann sogar kontraproduktiv sein, wenn z.B. eine untere Hierarchieebene sich ernsthaft bemüht, sorgfältig mit Grenzen umzugehen, während „von oben" die Botschaft kommt „Weitermachen wie bisher, um jeden Preis". Man schafft sich so eine Inkonsistenz im Unternehmen, die sich in der Regel nicht positiv auswirkt. Daher erfordert es nichts weniger als einen Grundsatzbeschluss der obersten Führungsebene, den diese auch bereit ist, für sich selbst umzusetzen.

▶ **Es handelt sich um einen Prozess der Zeit**
Veränderungen des Bewusstseins, die sich auf die Handlungsebene auswirken, brauchen Zeit und laufen nach dem immer gleichen Schema ab.
Das Schema von Veränderungen beginnt zunächst mit einer Erkenntnis. Die Unternehmensleitung muss verstehen, was, warum und in welche Richtung etwas verändert werden soll. Eine kognitive Erkenntnis hat für sich gesehen noch keine Handlungsrelevanz. Wie jeder weiß, der z.B. erkannt hat, dass er sich zu wenig bewegt, erwächst aus dieser Erkenntnis noch kein Trainingsprogramm.
Der zweite Schritt ist die genaue Zieldefinition nach Inhalt und Zeitrahmen. Hierfür ist es wichtig, Zielparameter zu haben. Das heißt, dass das Projekt messbar gemacht werden muss. Was bei dem Ziel „mehr Soft Skills für Führungskräfte" gar nicht so einfach ist. Deshalb werden weiter unten einige Kennzahlen, die hilfreich sein können, aufgeführt.
Danach hat sich bewährt, eine Reihe von Führungs-Workshops abzuhalten, in denen die hier dargestellten Prinzipien des Selbstmanagements und des gesunden Führens unter den konkreten Bedingungen des eigenen Unternehmens durchdekliniert werden.

Der Umsetzung im Alltag kommt dann die entscheidende Bedeutung zu. Hier hat sich bewährt *kleinstmögliche* Schritte zu tun und vor allem nicht alles auf einmal machen zu wollen. Hierzu ein Beispiel: Wenn in einem Unternehmen die Rhythmizität als Voraussetzung besserer Leistung und verminderter Burnout-Anfälligkeit als Thema identifiziert wurde, kann beschlossen werden, dass es in Ordnung ist, sich mittags eine Auszeit für ein „Powernapping" (kurzer Mittagsschlaf) zu nehmen. In Deutschland ist das bisher in vielen Unternehmen undenkbar und gilt als Zeichen von Schwäche, obwohl viele wissenschaftliche Daten darauf hindeuten, dass dies bei manchen die Leistungsfähigkeit steigert und Krankheiten vorbeugen kann. Erst wenn die ersten Mitarbeiter sich trauen, diese Möglichkeit in Anspruch zu nehmen und nicht nur keine missbilligenden Blicke, sondern ausdrückliche Anerkennung dafür erhalten, dass sie aktiv etwas für die eigene Selbstfürsorge, für die Erhaltung ihrer Leistungsfähigkeit und damit auch etwas für den Erfolg des Unternehmens tun, wird sich dieses Umdenken allmählich im Unternehmen breit machen.
Deshalb sollte man kleinstmögliche Schritte tun, diese aber fortwährend. Man kann sich hier am „continuous improvement" (ständige Verbesserung) des Qualitätsmanagements orientieren. Dabei wird eine Haltung des Verbesserns selbstverständlich, auch wenn dies in kleinen Schritten geschieht.
Im weiteren Verlauf der Einführung im Unternehmen hat es sich bewährt, systematische Coachings oder Supervisionen anhand konkreter Vorkommnisse im Führungsalltag anzubieten, bei denen einzeln oder in Teams – sehr bewährt auch

in hierarchieübergreifendem Setting – konkret besprochen wird, wie z.B. ein Konfliktmanagement bei einem konkreten Konflikt zu bewerkstelligen ist.
Je nach Unternehmensgröße dauern solche Implementierungsprozesse unterschiedlich lange, man sollte bei der Projektplanung die Unternehmensgröße und -struktur berücksichtigen, bevor man eine Aussage über die diesbezüglich notwendige Zeit macht.
Einem weiteren wichtigen Faktor wollen wir uns im Folgenden zuwenden: Rechnet sich der Einsatz von Zeit und Geld?

Messbarer Mehrwert?

Eine Frage, die uns immer wieder begegnet, ist die nach dem messbaren Mehrwert, den Investitionen in die Soft Skills von Führungskräften und damit mittelbar in das Sozialkapital des Unternehmens bringen. „Sozial" ist ebenso wie „ökologisch" oder „ethisch" offenbar für viele Führungskräfte eine Ausrichtung, die in die Kategorie „would-be-nice-to-have" (wäre schön, wenn man es hätte) fällt, wird aber für den Unternehmenserfolg als nicht unbedingt notwendig angesehen. Dementsprechend werden Projekte, die in diese Kategorie fallen, häufig am schnellsten eingestellt oder erst gar nicht begonnen, wenn die Ressourcen knapp sind.
Insbesondere wenn es ums Geld geht, ist dazu zu sagen, dass es vermutlich kaum eine Investition gibt, die weniger kostet und einen größeren Mehrwert bringt als die Investition in das eigene Führungsverhalten. Und diese kostet nicht primär Geld, sondern Bewusstsein: Führungskräfte können wahre Wunder bewirken, wenn sie sich die Mühe machen, das eigene Führungsverhalten zu reflektieren und ggf. zu ändern.
Wir sind immer wieder sehr erstaunt darüber, dass dieser – doch eigentlich nicht so große Schritt – oft hartnäckig verweigert wird. Nun wussten schon die Philosophen der Antike, dass die kritische Selbsterkenntnis eines der schwierigeren Projekte im Leben ist, was uns aber nicht daran hindern sollte, ein Instrument zu verwenden, dass so viel Mehrwert bringen könnte. Dieses Argument befasst sich quasi mit der „Innenwelt" der Führungskräfte, und, implizit, mit deren Selbstverständnis. Der Unterschied zwischen „Management" und „Leadership" wurde bereits erwähnt. Und natürlich ist das Selbstverständnis einer Führungskraft unterschiedlich, je nachdem, ob sie sich als „Manager" oder als „Leader" versteht. Letztere nehmen die Menschen mit, die sie führen und gehen damit deutlich weiter als jene, die sich für den organisatorisch-technischen Ablauf eines Unternehmens verantwortlich fühlen und sich wenig Gedanken darüber machen, was auf der Ebene der Mitarbeiterinnen und Mitarbeiter tatsächlich geschieht. Dieser „blinde Fleck" führt dazu, dass zwar Maßnahmen ergriffen werden, um

„das Betriebsklima zu verbessern“ oder „die Unternehmenskultur erfahrbar zu machen“ – aber eben oft an der falschen Stelle: Es wird zwar in Technik oder in Ablaufoptimierung von Prozessen investiert, aber nicht in die Verbesserung des Führungs- und Kommunikationsverhaltens.
Es erscheint uns manchmal geradezu grotesk, welche, oft auch wirklich teuren, Anstrengungen unternommen werden, um ein bestimmtes Problem technisch zu lösen, statt z.B. in effektive Kommunikations- und Konfliktlösungsmechanismen unter den Beteiligten zu investieren. Das würde voraussetzen, dass ein Manager um die Bedeutung der eigenen *Person und der Rolle*, die er innehat, weiß und auch in der Lage ist, die Mitarbeiterinnen und Mitarbeiter als individuelle Personen in ihren Rollen zu sehen.
Der Mehrwert von Investitionen ins Sozialkapital kann durchaus gemessen und in Zahlen ausgedrückt werden. Dazu sollten wir ein paar Kenngrößen berücksichtigen, die unseres Erachtens in das Zahlenwerk jeden modernen Controllings gehören.

Krankenstand und Fluktuation

Krankenstand = Fehltage durch Krankheit / Soll-Arbeitstage gemäß Arbeitsvertrag

Der Krankenstand ist – logischerweise – immer noch der beste Indikator für die Gesundheit der Belegschaft und für das Sozialkapital im Unternehmen. Wie jeder kleine oder große Unternehmer weiß, werden die Leute bei gutem Betriebsklima weniger krank als bei schlechtem.
Wichtig ist dabei insbesondere in größeren Unternehmen mit z.B. mehreren Standorten, dass diese Berechnung einheitlich erfolgt – und nicht etwa die Kalendertage statt der Soll-Arbeitstage zu Grunde gelegt werden. Nur dann ist ein echtes Benchmarking möglich. Es lohnt sich, wenn man die reinen Zahlen betrachtet, die realen Kosten von Krankheit zu kalkulieren. Dabei ist nicht nur der weiter bezahlte Lohn relevant, sondern auch Fragen nach den Kosten für den Ersatz der ausfallenden Arbeitskraft, Kosten für entgangene Kundenkontakte und Kosten für die Ablaufstörungen im Bereich kranker Mitarbeiter. Neben den reinen Absentismus-Kosten sind die Kosten abzuschätzen, die durch Präsentismus entstehen: Wenn jemand trotz Erkrankung arbeitet macht er mehr Fehler und die Qualität der Arbeit leidet – was wiederum Kosten verursacht.
Alle diese Kosten sind in der Tat oft nicht ganz einfach zu erfassen. Das ist vermutlich auch der Grund dafür, warum sie in der Praxis durchaus gelegentlich vernachlässigt werden.

Fluktuation = Anzahl freiwillig ausgeschiedener Mitarbeiter / Zeiteinheit

Die Fluktuation als „absolute Zahl“ ist nicht aussagekräftig; man muss sie in Beziehung setzen zu Branchenstandards. Ist die Fluktuation, verglichen mit anderen Unternehmen derselben Branche besonders hoch, ist das durchaus ein Grund, genauer nach den Gründen zu fragen. Schlechtes Sozialkapital ist ein möglicher Grund, wenn auch selbstverständlich nicht der Einzige. Die Fluktuation ist die wichtigste Kennzahl, mit der sich die Motivation einer Belegschaft erfassen lässt. Kostentechnisch müssen bei der Frage, wie teuer Fluktuation für das Unternehmen ist, die Kosten für die Beschaffung und die Einarbeitung neuen Personals berücksichtigt werden und die Kosten für den „Know-how-Drift“: Was geht dem Unternehmen verloren, wenn Leute, die eingearbeitet sind, ihr Wissen mitnehmen?

Fehler- und Unfallquote

Fehlerquote = Zahl der auftretenden Fehler / Menge der Produkte oder Dienstleistungen

Hier gilt dasselbe wie bei der Fluktuation: es kommt sehr auf die Branche an und darauf, was als „Fehler“ definiert wird. Bei produzierenden Betrieben ist das in der Regel deutlich leichter zu definieren als z.B. im Dienstleistungsbereich: Es ist einfacher, die Toleranzgrenzen in mm bei einem Werkstück festzulegen als die Frage zu beantworten, wann ein Oberkellner gut ist und wann nicht. Wenn man diese Kennzahl benutzen möchte, sollte man sie so genau definieren, dass eine Messung sinnvoll ist. Das kann sie nicht sein, wenn der Begriff „Fehler“ nicht genau genug für den jeweiligen Arbeitsbereich operationalisiert ist.

Unfallquote = Zahl meldepflichtiger Unfälle / Beschäftigte

Eine erhöhte Unfallquote ist immer ein Grund, genauer hinzuschauen, welches Problem vorliegt. Die Quote allein bzw. deren Veränderung (z.B. mehr oder weniger Unfälle als im letzten Jahr) sagt noch gar nichts aus. Wo treten die Unfälle auf? Ist die Arbeitsverdichtung zu hoch und wird dadurch Nachlässigkeit gefördert? Gibt es Probleme bei der Technik oder bei mangelhaft definierten Prozessabläufen? Herrscht ein Klima – das wäre wieder der „Softfactor“ – in dem jeder nur schaut, dass er möglichst schnell vom Arbeitsplatz wegkommt?

Arbeitsqualität und Effektivität

> Qualität der Arbeit
> = fehlerhafte Erzeugnisse / alle Erzeugnisse oder Beschwerden / Auftrag (z.B. bei Dienstleistungen) oder
> = Kosten für Rückholung / Nachbesserung / Zahl aller Erzeugnisse

Benutzt man den ersten Quotienten, so hat man eine sehr ähnliche Definition wie bei der Fehlerquote. Redundante Messwerte sind hier nicht sinnvoll.
Auch beim Thema „Qualität“ ist es wichtig, dass klar festgelegt ist, welche Definition zu Grunde gelegt wird und dass in allen Unternehmensteilen der gleiche Berechnungsmodus verwendet wird. Wenn die Qualität der Arbeit unbefriedigend ist, kann das – analog zum oben Gesagten beim Thema Unfälle – sehr viele verschiedene Gründe haben. Wir warnen ausdrücklich vor „gedanklichen Kurzschlüssen“ der Art, dass schlechte Arbeitsqualität automatisch besser wird, wenn man Gesundheit und Sozialkapital fokussiert. Aber wir möchten genau so ausdrücklich darauf hinweisen, dass diese beiden Größen bei der Analyse der Gründe für mangelnde Arbeitsqualität unbedingt in Erwägung gezogen werden sollten – naturgemäß ganz besonders im Dienstleistungsbereich.

> Ausmaß ineffektiver und teurer Betriebsabläufe
> = Anzahl umgesetzter Maßnahmen / Zahl beschlossener Maßnahmen
> oder Anzahl der „cc“-Mails im internen E-Mail-Verkehr, die nur der Absicherung dienen (die also keine reale Aktion beim Empfänger auslösen).

Es kann durchaus verblüffend sein, wenn man einmal schlicht auszählt – natürlich bezogen auf eine konkrete Arbeitseinheit (eine Abteilung, ein Werk usw.), wie oft beschlossene Maßnahmen umgesetzt worden sind; dabei geht es noch gar nicht darum, weshalb bestimmte Dinge nicht gemacht wurden. Dieser qualitative Analyseschritt ist selbstverständlich unerlässlich, sonst kann man die Kennzahl nicht nutzen. Wenn der Quotient deutlich kleiner als 1 ist, heißt das ja zunächst nur, dass viel Zeit für die Besprechung und Organisation von Maßnahmen aufgewendet wurde, die dann nicht zum Tragen kamen. In Organisationen mit niedriger Motivation und/oder wenig Sozialkapital wird das häufig der Fall sein. Wenn man das anhand des Quotienten umgesetzter Maßnahmen/Zahl beschlossener Maßnahmen festgestellt hat, ist die nächste Frage, warum genau das so ist.
Ähnliches gilt für den E-Mail-Verkehr: Alle klagen über die Flut der täglich zu bewältigenden E-Mails. Wenn eine stark furchtgeprägte Unternehmenskultur vor-

herrscht, versuchen Mitarbeiterinnen und Mitarbeiter, sich ständig abzusichern, „um keine von oben aufs Dach zu bekommen“. Das bindet Energie, kostet Zeit und ist ineffizient, und es ist ablesbar an der Quote der „cc“ versandten E-Mails, die keine unmittelbare Aktion zur Folge haben, sondern nur der „Absicherung“ des Absenders dienen.

Überstundenquote

Überstundenquote = Anzahl der Überstunden / Zahl der Arbeitsstunden gesamt

Diese Kennzahl gibt Auskunft über die *zeitliche* Arbeitsbelastung. Es ist selbstverständlich nicht sinnvoll, alleine die Zeit, die jemand arbeitend verbringt, als Kriterium für die Arbeitsbelastung heranzuziehen. Eine Arbeit, die als sehr unangenehm oder sinnlos erlebt wird, lässt die Zeit endlos erscheinen, eine als hoch interessant erlebte Arbeit lässt sie „wie im Flug vergehen“. Ist allerdings die zeitliche Belastung – und das misst unsere Kennzahl – sehr hoch, ist das sicherlich kritisch zu hinterfragen.
Vor einem beliebten Missverständnis sei an dieser Stelle ausdrücklich gewarnt: „Mehr Zeit“ heißt nicht automatisch „bessere Arbeit“. Noch gilt in vielen Unternehmen: „Ein guter Chef ist der, dessen Wagen morgens als erster und abends als letzter auf dem Firmenparkplatz steht“. Unternehmen, in denen eine solche Einstellung gilt, fördern nicht selten den Burnout der leitenden Leute, weil sie nicht Effizienz und Effektivität belohnen, sondern zeitliches Engagement. Man sollte nicht vergessen: Gerade gute Leute gehen mit ihrer Zeit so um, dass möglichst wenig Überstunden anfallen.

Bei den hier erwähnten sieben Kennzahlen ist zu beachten, dass man sie nur dann sinnvoll einsetzen kann, wenn man sie gemeinsam betrachtet und eine sehr sorgfältige Kontextwürdigung dieser Kennzahlen vornimmt – aber das ist beim Führen durch Kennzahlen ja in allen betriebswirtschaftlichen Bereichen so. Die Argumentation mit einer einzigen Kennzahl greift in aller Regel zu kurz.
Unbestritten ist es nicht ganz leicht, Investitionen in das gesunde Führen daraufhin zu überprüfen, wie renditerelevant sie sind – zumal die Entwicklung eines guten Sozialkapitals ein Prozess ist, der sich über längere Perioden hinzieht und sich in den wenigsten Fällen im nächsten Quartalsbericht abbilden wird. Wenn wir allerdings sehen, dass schon heute gerade in den zukunftsorientierten Branchen der limitierende Wachstumsfaktor weniger das Kapital als das Personal ist – Stichwort Fachkräftemangel – ist eine Investition in gesundes Führen sicherlich gut angelegtes Geld.

Keine Angst vor Soft Skills

Vieles von dem, was in diesem Buch bisher vorgestellt wurde, wird unter dem Oberbegriff der „Soft Skills“ zusammengefasst. Soft Skills muss man anders erwerben, als das mit „Hard Skills“ geschieht. Einen komplizierten – z.B. mathematischen – Zusammenhang zu verstehen ist etwas anderes, als die komplexe menschliche Kommunikation zu begreifen, die ja, wie wir wissen, aus emotionalen und kognitiven Inhalten besteht. Beim Erwerb von Fachwissen im jeweiligen Fachgebiet (unabhängig davon, ob es sich um BWL, Jura, Ingenieurswissenschaften oder Medizin handelt) ist Lernen im klassischen Sinn notwendig und möglich – also mehr oder weniger das Auswendiglernen von Fakten und Verstehen von faktischen Zusammenhängen. Beim Erwerb technischer Handfertigkeiten geht es in der Regel darum, diese immer und immer wieder einzuüben. Hier entsteht Exzellenz im Tun. Das gilt für den Bewegungsablauf beim Sport ebenso wie bei handwerklichen Fähigkeiten.

In unserer technischen Zivilisation ist es im Lauf der Zeit zu einer deutlichen Überbetonung der technischen Aspekte des Lernens und der Ausbildung gekommen. Die Persönlichkeitsentwicklung wird traditionell sogar dort vernachlässigt, wo die Arbeit mit Menschen der zentrale Punkt ist, z.B. im Lehrerberuf. Die Ausbildung zum Lehrer fokussiert sich nach wie vor überproportional auf die Fachlichkeit und weniger auf die Fähigkeit, Kinder zu erreichen und zu begeistern. Je technischer ein Bereich ist, um so mehr verstärkt sich dieser Trend – bis hin zur Betriebswirtschaftslehre, die in ihrem Mainstream bis heute menschliche Irrationalität und die Motive wirtschaftlichen Handelns, die nicht ohne Weiteres mathematisch darstellbar sind, vernachlässigt.

Mit anderen Worten: Im Kontext des Unternehmens wird eher ein mechanistisch-technisches Bild der Wirklichkeit bevorzugt als ein organismisches. Dies ist selbstverständlich auch sinnvoll, wenn es etwa um die Frage geht, wie eine Walzstraße gebaut werden muss oder eine Supply Chain zu organisieren ist. Aber es ist nicht besonders hilfreich, wenn es um Menschenführung geht.

Soft Skills muss man anders erwerben, weil die gesamte eigene Person und Persönlichkeit – und nicht „nur“ der Intellekt – notwendig sind, um in diesem Bereich zu lernen. So braucht man z.B. einen guten Zugang zur eigenen Emotionalität, um emotionale Reaktionen Anderer verstehen zu können und man braucht die Fähigkeit, einen „Beobachter“ zu installieren. Eine Instanz in sich selbst, die auf einer Metaebene wahrnehmen und sozusagen mitschreiben kann, was man als Agierender in einem kommunikativen Kontext tut. Das ist normalerweise etwas, was wir im Alltag gar nicht leisten können, weil unser innerer „Arbeitsspeicher“ mit der inhaltlichen Sache, um die es gerade geht, vollauf beschäftigt ist und nicht in der Lage ist, gleichzeitig auf das „Wie“ – nämlich wie man etwas (z.B. kommunizieren) macht – zu achten. Genau das muss man üben, und man kann es lernen.

Beim Thema „Soft Skills" ist es wichtig zu wissen, dass immer, wenn wir mit etwas sachlich beschäftigt sind und das im Austausch mit anderen, z.B. den Mitarbeitern, tun, neben dieser „Sachebene" eine zweite, die sog. „Beziehungsebene" quasi „mitläuft". Die Mitteilung „bei diesem und jenem Vorgang ist ein Fehler passiert" ist zunächst völlig neutral. Die Tonlage, Mimik und Gestik, die Körpersprache und Situation, in der diese Mitteilung erfolgt, sind entscheidend dafür, der Botschaft ihre eigentliche Aussage zu geben. Das kann reichen von: „Hier ist ein Fehler passiert. Das werden wir zum Anlass nehmen, aus dem Fehler zu lernen und gemeinsam besser zu werden" bis hin zu „Sie sind eine Flasche und ein fauler Mitarbeiter, der ständig Fehler macht. Wenn es so weitergeht, schmeiße ich Sie raus".

Welche der beiden Botschaften auf Dauer in der Unternehmensführung erfolgreicher ist, ist offensichtlich: Mit Angst regiert es sich zwar eine Zeitlang recht effizient, aber diese Methode funktioniert nicht mehr, wenn man als Führungskraft ernsthaft an einer Identifikation der Mitarbeiterinnen und Mitarbeiter mit dem Unternehmen interessiert ist.

Dieses Beispiel zeigt recht drastisch, was das Führungsthema ist: Diejenigen, die voran gehen, sollten eine klare Vorstellung davon und die Kontrolle darüber haben, wie sie kommunikativ wirken. Wenn man den Soft Skills keine Beachtung schenkt und sie nicht entwickelt, läuft ein ganz wesentliches Führungsinstrument, nämlich die Person der Führungskraft, quasi „auf Autopilot". Wir stellen immer wieder fest, dass Führungskräfte massiv unterschätzen, was sie anrichten können, wenn sie diesem Bereich keine Beachtung schenken.

Die gute Botschaft bei dem Thema ist, dass es wirklich interessant ist, die Bereiche bei sich selbst kennen zu lernen, die gewöhnlich nicht bewusst gesteuert werden bzw. „nebenher laufen". Wenn neben die Entwicklung des Wissens und des handwerklichen Könnens die Persönlichkeitsentwicklung tritt, ist das nicht nur ein Mehrwert für den oder die Betroffene, sondern immer auch für das Unternehmen.

Das Prinzip der kleinen Schritte – continuous improvement

Das Grundprinzip der ständigen Verbesserung (continuous improvement) ist aus dem Qualitätsmanagement bekannt. Es besagt, dass Qualität kein Endzustand von Qualitätsbemühungen ist, der zu erreichen sei, sondern ein fortwährender Prozess. Das muss notwendigerweise ein Prozess kleiner Schritte sein, und auch im Qualitätsmanagement ist das Entscheidende das Bewusstsein der Beteiligten. Wenn diese denken, „ich bin nicht gut genug und muss mich jetzt furchtbar anstrengen, um „Qualität" zu erreichen, dann kann ich endlich ausruhen", führt das in der Regel weniger zu Qualität als zum Burnout. Wenn dagegen die Akteure

ein Bewusstsein dafür haben, dass sich auch Achtsamkeit für kleinste Qualitätsverbesserungsschritte lohnt, um die Gesamtqualität eines Produktes oder einer Dienstleistung zu heben, kann das nicht nur hocheffektiv sein, sondern auch noch verhältnismäßig entspannt vor sich gehen und den Beteiligten Spaß machen. Auch hier haben wir es mit dem Gegensatz zwischen einem eher mechanistischen/stationären Qualitätsbegriff (Qualität als Endzustand) gegenüber einem eher organismischen/prozesshaften (Qualität als permanenter Prozess) zu tun.
Das Gesagte gilt auch für die systematische Entwicklung des Sozialkapitals. Es geht nicht darum, ein oder zwei Workshops zu veranstalten, in dem die oben ausgeführten Grundprinzipien vermittelt werden und dann zu hoffen, das alles schon gut funktionieren wird. Zuerst muss ein Bewusstsein bei den Führungskräften dafür geschaffen werden, dass Sozialkapital eine wirklich erfolgsentscheidende Ressource ist. Dann kommt der Schritt der Erkenntnis, dass die Investition in die Soft Skills der Führung – und damit in die Persönlichkeitsentwicklung – ebenso notwendig ist wie die Investition in die IT-Infrastruktur der Firma. „Gesund Führen" als permanenter Prozess ist das Ziel und dieser muss notwendigerweise „top down" erfolgen. Uns begegnet auf den oberen Führungsetagen nicht selten eine Haltung, die in etwa besagt, dass man das ja alles könne und wisse und es auch nicht zum Kerngeschäft von Führung gehört.
„Wozu habe ich eine Personalabteilung, und wozu haben die ein Fortbildungsbudget für die Mitarbeiter?" Das ist ein durchaus gelegentlich gehörter Satz, mit dem man versucht, sich das Thema vom Leib zu halten. Was leider nicht funktioniert. Im ungünstigsten Fall ist ein solches Vorgehen sogar eine Fehlinvestition, weil die Mitarbeiterinnen und Mitarbeiter ein immer schärferes Bewusstsein für die Fehler der Führung bekommen, ohne dass dies irgendeinen produktiven oder konstruktiven Veränderungs- oder Entwicklungsschritt mit sich bringen würde.
Wir sind aufgrund unserer Erfahrungen in den letzten Jahren sehr zuversichtlich, dass viele Unternehmen ein Gespür dafür entwickeln, dass es in den Bereichen, die im vorliegenden Buch behandelt werden, viele Schätze zu heben sind – mit relativ wenig Aufwand und großem Nutzen für das Ganze. Eine wirklich gute Botschaft für die Controller stellt die Tatsache dar, dass wir hier nicht von kostenintensiven Investitionen reden, sondern von einer Veränderung im Bewusstsein der führenden Personen im Unternehmen. Bewusstsein kann man nicht kaufen; andererseits kostet es auch nichts. Es lohnt sich daher für alle Führungskräfte, das eigene Bewusstsein für die eigene Rolle zu schärfen und an der Entwicklung der eigenen Soft Skills zu arbeiten: Es ist dies auch eine Investition in die eigene Persönlichkeitsentwicklung und lohnt sich damit doppelt.

Literatur

Badura B, Greiner W, Rixgens P, Ueberle M, Behr M. Sozialkapital – Grundlagen von Gesundheit und Unternehmenserfolg. Berlin, Heidelberg: Springer Verlag 2008.

Badura B, Walter U, Hehlmann T. Betriebliche Gesundheitspolitik. Berlin, Heidelberg: Springer Verlag 2010.

Bahnsen U. Die versteckte Krankheit. Hamburg: Die Zeit, Nr. 48, 2009. http://www.zeit.de/2009/48/DOS-Depression?page=all (Stand 18.01.2010).

Bandura A. Social Learning Theory. Englewood Cliffs N. J.: Prentice Hall 1977.

Bandura A. Social foundations of thought and action. Englewood Cliffs: Prentice Hall 1986.

Bandura A. Self-efficacy. In: Ramachandran V.S. (ed). Encyclopedia of human behavior. San Diego: Academic Press 1994; 71–81.

Bandura A. Self-efficacy: The exercise of control. New York: Freeman 1997.

Bauer J. Schmerzgrenze. München: Blessing Verlag 2011.

Berndt C. Volkskrankheit Depression: Die Spuren eines unsichtbaren Leidens. München: Süddeutsche Zeitung 2006; Nr. 249.

Badura B, Greiner W, Rixgens P, Ueberle M. Sozialkapital: Grundlagen von Gesundheit und Unternehmenserfolg. Berlin, Heidelberg: Springer Verlag 2008.

Bion WR. Lernen durch Erfahrung. Frankfurt: Suhrkamp 1962/2000.

BKK Bundesverband. Projektveröffentlichung „Psychische Gesundheit in der Arbeitswelt – psyGA-transfer“. Essen: BKK Bundesverband 2011.

BKK Bundesverband: BKK Gesundheitsreport 2010. Gesundheit in einer älter werdenden Gesellschaft. Essen: BKK Bundesverband 2010.

Brunstein JC. Gelernte Hilflosigkeit: Ein Modell für die Bewältigungsforschung? In: Brüderl L (Hrsg). Theorien und Methoden der Bewältigungsforschung. Weinheim: Juventa 1988.

Bundesministerium für Gesundheit 2011. http://www.bmg.bund.de/praevention/betriebliche-gesundheitsfoerderung/vorteile.html

Deutsche Rentenversicherung Bund. Rentenversicherung in Zeitreihen. Berlin: Deutsche Rentenversicherung 2009.

Dewa CS, Lin E. Chronic physical illness, psychiatric disorders and disability in the workplace. Social Science & Medicine 2002; 51: 41–50.

Dilk A, Littger H. Das ausgebrannte Unternehmen. Organisationales Burnout. managerSeminar 2008; 125, 8/08:18—24.

Dozci G. Die Kraft der Grenzen – harmonische Proportionen in Natur, Kunst und Architektur. München: Dianus-Trikont Verlag 1984.

Europäische Stiftung zur Verbesserung der Lebens- und Arbeitsbedingungen. Vierte Europäische Erhebung über Arbeitsbedingungen. Luxemburg: Amt für amtliche Veröffentlichungen der Europäischen Gemeinschaft 2008.

Fisher R, Ury W, Patton B. Das Harvard-Konzept. Frankfurt: Campus 1998.

Ford H. My Life and Work. Filiquarian Publishing LLC 1922.

Forsa 2001. http://de.statista.com/statistik/daten/studie/6799/umfrage/ausmass-der-stressbelastung
Fuchs T. Was ist gute Arbeit? Anforderungen aus Sicht von Erwerbstätigen. Dortmund/Berlin: Schriftenreihe der Bundesanstalt für Arbeitsschutz und Arbeitsmedizin, , 2006; 160.
Gebhardt S. Von der Kaurimuschel zur Kreditkarte. Geldentwicklung im Zivilisationsprozeß. Kiel/Berlin: Rosenholz Verlag 1998.
Giernalczyk T, Lohmer M. Zusammenarbeit und Konfliktmanagement. Unveröffentlichtes Manuskript 2006.
Gleick J. Chaos – Die Ordnung des Universums, München: Droemer-Knaur 1998.
Goetzel RZ, Long SR, Ozminkowski RJ, Hawkins K, Wang S, Lynch W (2004). Health, absence, disability, and presenteeism cost estimates of certain physical and mental health conditions affecting U.S. employers. J Occup Environ Med; 46: 398–412.
Grawe K. Psychologische Therapie. Göttingen: Hogrefe 1998.
Grawe K. Neuropsychotherapie. Göttingen: Hogrefe 2004.
Hammel-Kiesow R. Hanse. München: Beck 2004.
Hüther J, Fischer G. Biologische Grundlagen des psychischen Wohlbefindens. In: Badura B, Schröder H, Klose J, Marco H (Hrsg). Fehlzeitenreport 2009. Arbeit und Psyche: Belastungen reduzieren – Wohlbefinden fördern. Berlin, Heidelberg: Springer Verlag 2009; 23–30.
Insel TR. Is social attachement an addictive disorder? Physiology and Behavior 2003; 79: 351–7.
Insel TR, Fernald RD. How the brain processes information: Searching für the social brain. Annual Reviews of Neuroscience 2004; 27: 697–722.
Joiko K, Schmauder M, Wolff G. Psychische Belastung und Beanspruchung im Berufsleben. Erkennen – Gestalten. 5. Auflage. Dortmund: Bundesanstalt für Arbeitsschutz und Arbeitsmedizin 2010. http://www.bauda.de/de/Publikationen/Broschueren/A45.html
Kehr HM. Souveränes Selbstmanagement. Ein wirksames Konzept zur Förderung von Motivation und Willensstärke. Weinheim: Beltz 2002.
Kuhl J. Motivation und Persönlichkeit: Interaktionen psychischer Systeme. Göttingen: Hogrefe 2001.
Kuhl J, Fuhrmann A. Das Selbststeuerungs-Inventar (SSI): Manual. Universität Osnabrück 1998.
Landau K, Pressel G. Medizinisches Lexikon der beruflichen Belastungen und Gefährdungen. Definitionen, Vorkommen, Arbeitsschutz. Stuttgart: Gentner Verlag 2004.
Locke EA, Latham GP. A Theory of Goal Setting and Task Performance. Englewood Cliffs N.J.: Prentice Hall 1990.
Lohmer M. Das Unbewusste im Unternehmen. In: Lohmer M (Hrsg). Psychodynamische Organisationsberatung. Stuttgart: Klett-Cotta 2004; 18–39.
Lohmer M, Giernalczyk T, Heimer C, Albrecht C. Führungsstile aus psychodynamischer Perspektive. In: Giernalczyk T, Lohmer M (Hrsg). Die Psychodynamik von Organisationen. Stuttgart: Schäffer-Poeschel 2012; im Druck.
Luther M. Die Bibel. Stuttgart: Württembergische Bibelanstalt 1970.
Mc Luhan HM. Understanding Media: The Extensions of Man; 1st ed. McGraw Hill, NY; reissued MIT Press 1994, with introduction by Lewis H. Lapham; reissued by Gingko Press 2003.
Oberender P, Hebborn A, Zerth J. Wachstumsmarkt Gesundheit. Stuttgart: UTB 2002.
Obholzer A. Führung, Organisationsmanagement und das Unbewußte. In: Lohmer M. Psychodynamische Organisationsberatung. Stuttgart: Klett-Cotta 2004; 79–97.
ÖGB-Referat Sozialpolitik – Gesundheitspolitik 2012. www.gesundearbeit.at

Osterhammel J. Die Verwandlung der Welt. Eine Geschichte des 19. Jahrhunderts. München: Beck 2009.
O'Toole J, Lawler E. The new american workplace. New York: Palgrave Macmillan 2006.
Pfaff H. Stressbewältigung und soziale Unterstützung. Zur sozialen Regulierung individuellen Wohlbefindens. Weinheim: Juventa 1989.
Pollard S. The Genesis of Modern Management. A Study of the Industrial Revolution in Great Britain. London: Arnold/ Harvard University Press 1965.
Rosenstiel L von. Grundlagen der Führung. In: Rosenstiel L von, Regnet E, Domsch ME (Hrsg). Führung von Mitarbeitern. Stuttgart: Schäffer und Poeschl 2009; 3–27.
Senge M Vorwort. In: Geus A de. Jenseits der Ökonomie. Die Verantwortung der Unternehmen. Stuttgart: Klett-Cotta 1998; 7–13.
Siegrist J, Rödel A. Chronischer Distress im Erwerbsleben und depressive Störungen: epidemiologische und psychobiologische Erkenntnisse und ihre Bedeutung für die Prävention. In Bundesanstalt für Arbeitsschutz und Arbeitsmedizin (Hrsg). Arbeitsbedingtheit depressiver Störungen. Tagungsbericht Tb138, 2005.
Simon F. Einführung in die Systemtheorie des Konflikts. Heidelberg: Carl-Auer Compact 2010.
Sockoll I, Kramer I, Bödeker W. Wirksamkeit und Nutzen betrieblicher Gesundheitsförderung und Prävention, IGA-Report 13, 2008.
Sprenger B. Im Kern getroffen. München: Kösel Verlag 2005.
Sprenger B. Standards in der Behandlung von Fach- und Führungskräften, In: Gesundheitsstadt Berlin e.V. (Hrsg). Handbuch Gesundheitswirtschaft. Berlin: Medizinisch Wissenschaftliche Verlagsgesellschaft 2007.
Statistisches Bundesamt. Zahl der Woche Nr. 010 vom 10.03.2009. Wiesbaden 2009.
Steinke M, Badura B. Präsentismus – Ein Review zum Stand der Forschung. Dortmund: Bundesanstalt für Arbeitsschutz und Arbeitsmedizin 2011.
Taylor FW. The Principles of Scientific Management. BiblioBazaar (ISBN 978-1-4346-3820-5).
Vasold M. Die Revolution der LebenserwartungFrankfurt a.M.: FAZ 26.07.2010.
Walter U. Neurobiologische Grundlagen. In: Badura B, Walter U, Hehlmann T. Betriebliche Gesundheitspolitik. Berlin, Heidelberg: Springer-Verlag 2010.
Wilson DS, Wilson EO. Evolution – Gruppe oder Individuum? Spektrum der Wissenschaft 2009; 1: 32–41.